W0271012

Mathe sicher können

Förderbausteine zur Sicherung mathematischer Basiskompetenzen

Natürliche Zahlen

Herausgegeben von
Christoph Selter
Susanne Prediger
Marcus Nührenbörger
Stephan Hußmann

Entwickelt und erprobt von
Kathrin Akinwunmi
Theresa Deutscher
Corinna Mosandl
Marcus Nührenbörger
Christoph Selter

In 2. Auflage überarbeitet von
Susanne Prediger
Claudia Ademmer
Kathrin Akinwunmi
Lena Böing
Marcus Nührenbörger
Christoph Selter
Anne Tester
Unter Mitarbeit von
Alexandra Tondorf, Debora Totaro, Viktoria ter Laak & Birte Pöhler-Friedrich

Erarbeitet und überarbeitet am

DZLM Deutsches Zentrum für Lehrkräftebildung Mathematik
(Standorte Dortmund & Münster)

In Kooperation mit

Deutsche Telekom Stiftung

Mathe sicher können

Herausgeben von: Christoph Selter, Susanne Prediger, Marcus Nührenbörger, Stephan Hußmann

Erarbeitet von: Susanne Prediger, Claudia Ademmer, Kathrin Akinwunmi, Lena Böing, Theresa Deutscher, Corinna Mosandl, Marcus Nührenbörger, Christoph Selter, Anne Tester
Unter Mitarbeit von: Alexandra Tondorf, Debora Totaro, Viktoria ter Laak & Birte Pöhler-Friedrich

Redaktion: Susanne Prediger, Anne Tester, Kathrin Akinwunmi, Sabrina Bühl, Fatma Defnim Avci
Umschlaggestaltung: Studio SYBERG, Berlin
Technische Umsetzung: Cornelsen Verlag GmbH, zweiband.media, Berlin

Abbildungen:
Cover Cornelsen/Rainer Götze (Technische Zeichnung); Logo Deutsche Telekom Stiftung; Logo „Mathe sicher können": Susanne Prediger
S. 1 Logo „Mathe sicher können": Susanne Prediger; Logo Deutsches Zentrum für Lehrkräftebildung Mathematik (DZLM); Logo Deutsche Telekom Stiftung
S. 2-96: Logo „Mathe sicher können": Susanne Prediger; Leitfiguren: Andrea Falkenbach; restliche Abbildungen: Susanne Prediger

Unter der folgenden Adresse befinden sich multimediale Zusatzangebote:
www.mathe-sicher-koennen.de/nz

Die Webseiten Dritter, deren Internetadressen in diesem Lehrwerk angegeben sind, wurden vor Drucklegung sorgfältig geprüft. Der Verlag übernimmt keine Gewähr für die Aktualität und den Inhalt dieser Seiten oder solcher, die mit ihnen verlinkt sind.

www.cornelsen.de

Aktualisierte Auflage, 1. Druck 2025

Alle Drucke dieser Auflage sind inhaltlich unverändert
und können im Unterricht nebeneinander verwendet werden.

© 2025 Cornelsen Verlag GmbH, Mecklenburgische Str. 53, 14197 Berlin, E-Mail: service@cornelsen.de

Das Werk und seine Teile sind urheberrechtlich geschützt.
Jede Nutzung in anderen als den gesetzlich zugelassenen Fällen bedarf der vorherigen schriftlichen Einwilligung des Verlages.
Hinweis zu §§ 60 a, 60 b UrhG: Weder das Werk noch seine Teile dürfen ohne eine solche Einwilligung an Schulen oder in Unterrichts- und Lehrmedien (§ 60 b Abs. 3 UrhG) vervielfältigt, insbesondere kopiert oder eingescannt, verbreitet oder in ein Netzwerk eingestellt oder sonst öffentlich zugänglich gemacht oder wiedergegeben werden.
Dies gilt auch für Intranets von Schulen und anderen Bildungseinrichtungen.

Der Anbieter behält sich eine Nutzung der Inhalte für Text- und Data-Mining im Sinne § 44 b UrhG ausdrücklich vor.

Druck: Athesiadruck GmbH, Bozen

ISBN 978-3-06-007511-9

PEFC
PEFC/18-31-166
PEFC-zertifiziert
Dieses Produkt stammt aus nachhaltig bewirtschafteten Wäldern und kontrollierten Quellen
www.pefc.de

Mathe sicher können

Liebe Lernende, liebe Eltern,

alle Kinder und Jugendliche können Mathe verstehen, davon gehen wir fest aus!

Aber nicht alle hatten in den ersten Schuljahren genügend Gelegenheit, mathematisches Verständnis aufzubauen, daher bietet dieses Material eine Möglichkeit, einige Verstehensgrundlagen gemeinsam mit der Lehrkraft aufzuarbeiten.
Jeder Baustein startet mit einer Standortbestimmung, in denen ihr in 2-3 Aufgaben zeigt, was ihr schon könnt. Dazu passen die Fördereinheiten, mit denen dann die Verstehensgrundlagen und Rechenwege erarbeitet werden können.
Viele Kinder konnten so richtig fit werden für den Mathe-Unterricht.

Probiert es doch mal aus!

Das bedeuten die Zeichen:

- Besprecht die Aufgabe mit eurer Lehrkraft.
- Übt zu zweit im Gespräch.
- Schreibt auf.
- Nutzt das digitale Werkzeug.
- Schaut das Erklärvideo an.

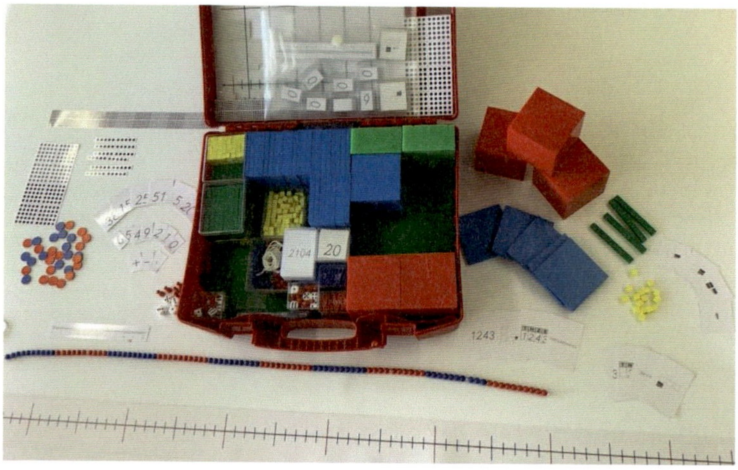

Einen sieben-minütigen Informationsfilm für Eltern zum Konzept finden Sie hier: http://mathe-sicher-koennen.dzlm.de/film/eltern

Liebe Lehrkräfte,

wenn Kinder Lücken in den Basiskompetenzen aus Klasse 2–4 haben, können sie in Klasse 5 nicht gut weiterlernen. Dies betrifft nicht nur Rechenfertigkeiten, sondern vor allem auch Verstehensgrundlagen wie das Stellenwert- und Operationsverständnis: Was bedeutet es, mal 7 zu rechnen, und was bedeutet die 7 in der 173?
Wenn die Verstehensgrundlagen aufgearbeitet werden, dann sind die Basiskompetenzen der Kinder wieder anschlussfähig an die Themen der Sekundarstufe.

Mehr zum **didaktischen Hintergrund** erfahren Sie unter
mathe-sicher-koennen.dzlm.de/einstiegs-und-themenfilme

In diesem Heft bieten wir Ihnen 15 (mehrfach erprobte und als lernwirksam evaluierte) Förderbausteine zum Stellenwert- und Operationsverständnis sowie den Rechenwegen für natürliche Zahlen.
Zu jedem Förderbaustein wie N1A, N1B finden Sie online eine Diagnose (wir nennen sie „Standortbestimmung"), die Sie ausdrucken und in der Klasse durchführen können.
Ein didaktischer Kommentar erläutert, wie die Bearbeitungen der Kinder zu deuten sind, und verweist auf die passenden Fördereinheiten.

Diagnose-Bausteine und **didaktische Kommentare** finden Sie unter
mathe-sicher-koennen.dzlm.de/nz

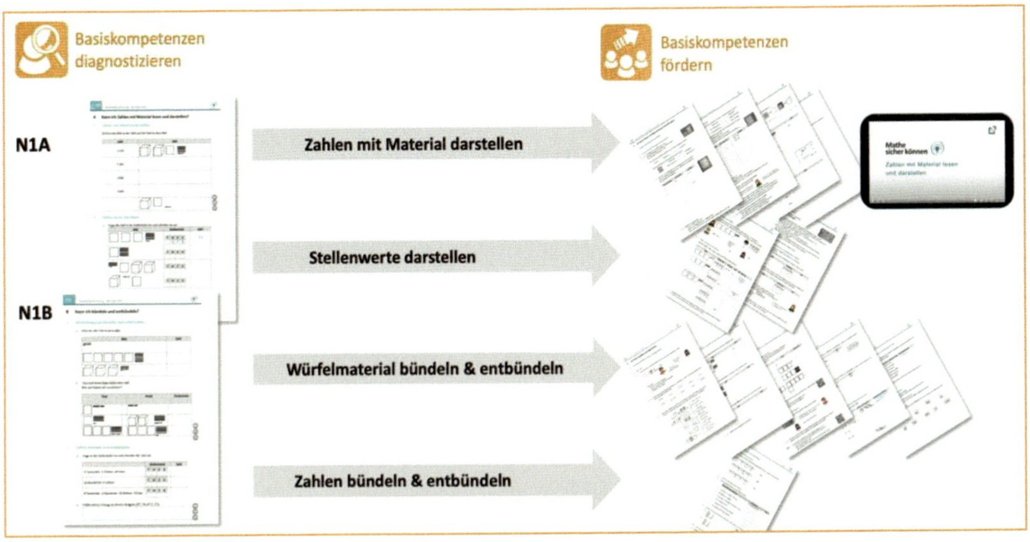

Die Förderung ist nicht als Selbstlernbetrieb geplant, sondern setzt auch auf die Kommunikation der Lehrkraft mit den Kindern. Dazu bieten wir Aufgaben, die interessante Gesprächsanlässe bieten.
Verstehensorientiert gearbeitet wird mit Arbeitsmaterialien, die in einem Materialkoffer zusammengestellt sind (siehe vorhergehende Seite).

Materialkoffer finden Sie hier
https://cornelsen-experimenta.de/shop/de/Grundschule/Mathematik/Natürliche%20Zahlen/28201-Materialkoffer+Mathe+sicher+können%3A+Natürliche+Zahlen.html

Zuweilen werden auch Erklärvideos und digitale Arbeitsmittel eingebunden in die Förderbausteine: Die Links finden Sie stets unter den Bausteinen im Netz.

Erklärvideos und **digitale Arbeitsmittel** unter jedem Baustein, z.B.
mathe-sicher-koennen.dzlm.de/nz#n2

Viel Erfolg beim Aufarbeiten der Verstehensgrundlagen!

Mathe sicher können

Inhaltsverzeichnis der Förderbausteine Natürliche Zahlen

A Ich kann Zahlen mit Material lesen und darstellen

1 Zahlen mit Material darstellen

1.1 Einerwürfel, Zehnerstange, Hunderterplatte

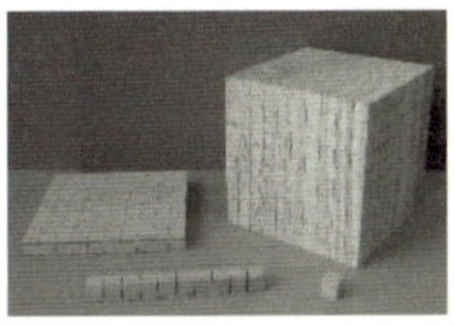

a) Wie heißen die verschiedenen Teile von dem Würfelmaterial?
Was bedeuten die Namen der Teile? Wie stellt man damit Zahlen dar?

b) Wie viele Einerwürfel brauchst du, um eine Zehnerstange zu bauen?

Ich brauche ____________ Einerwürfel, denn

________________ sind genau so viel wie eine Zehnerstange.

c) Was brauchst du, um eine Hunderterplatte zu bauen?

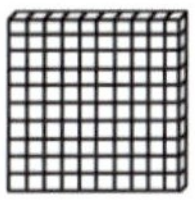

Ich brauche ____________ Einerwürfel.

Oder ich brauche ____________ Zehnerstangen, denn

________________ sind genau so viel wie eine Hunderterplatte.

d) Baue eine Hunderterplatte aus Zehnerstangen und Einerwürfeln.
Finde verschiedene Möglichkeiten und trage sie in die Tabelle ein.

Zehnerstangen	Einerwürfel	Zerlegte Zahl
9	10	90 + 10
5		50 + __
	40	__ + 40
		10 + 90

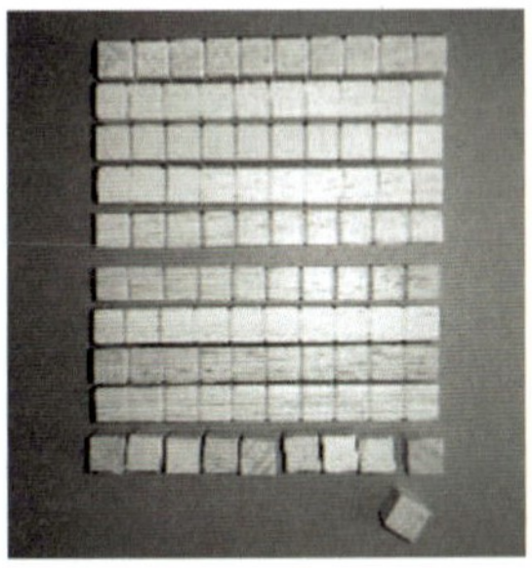

e) Vergleicht und besprecht:
- Warum sind es immer 100?
- Habt ihr alle Möglichkeiten zur 100 gefunden?
- Warum könnt ihr sicher sein, dass es keine anderen Möglichkeiten mehr gibt?

1.2 Tausenderwürfel zusammen stellen

a) Wie viele kleinere Teile brauchst du, um einen Tausenderwürfel zu bauen?

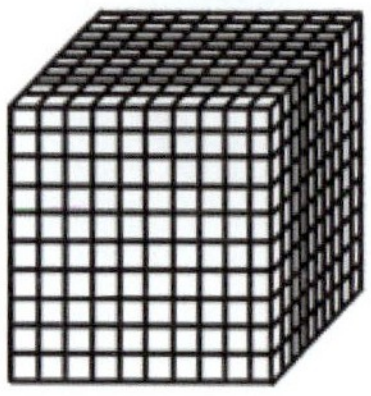

Ich brauche _____ Hunderterplatten, denn _____ H = _____ T.

Oder ich brauche _____ Zehnerstangen, denn _____ Z = _____ T.

Oder ich brauche _____ Einerwürfel, denn _____ E = _____ T.

b) Baue einen Tausenderwürfel aus Hunderterplatten und Zehnerstangen. Finde verschiedene Möglichkeiten und trage sie in die Tabelle ein. Welche Möglichkeiten gäbe es noch, wenn du mehr Zehnerstangen hättest?

Hunderterplatten	Zehnerstangen	Zerlegte Zahl
9	10	900 + 100
2		200 + ___
	40	___ + 400

c) Vergleicht und besprecht:
- Warum sind es immer 1 000?
- Habt ihr alle Möglichkeiten zur 1 000 gefunden?
- Warum könnt ihr sicher sein, dass es keine anderen Möglichkeiten mehr gibt?

d) Tara und Leonie haben auch Tausenderwürfel gebaut.
Wie sehen ihre Tausenderwürfel aus?

Tara

Ich baue einen Würfel aus 30 Zehnern und 7 Hundertern.

Leonie

Ich habe 20 Zehnerstangen und sonst nur Hunderterplatten.

e) Überlegt und erklärt: Wie könnte man einen Tausenderwürfel bauen ...
- ... nur mit Zehnerstangen und Einerwürfeln, aber ohne Hunderterplatten?
- ... nur mit Hunderterplatten und Einerwürfeln, aber ohne Zehnerstangen?

f) Stellt euch gegenseitig Aufgaben zu Zahlen bis 1 000:
- Eine Person legt eine Zahl mit 5 Teilen vom Material.
- Die andere Person benennt die Zahl. Wechselt euch ab.
- Welche Zahlen lassen sich mit 5 Teilen nicht legen? Findet einige.

1.3 Zahlen legen und zeichnen

So kannst du einfach Bilder vom Würfelmaterial zeichnen:

a) Schreibe als Zahl.

Bild	Zahl
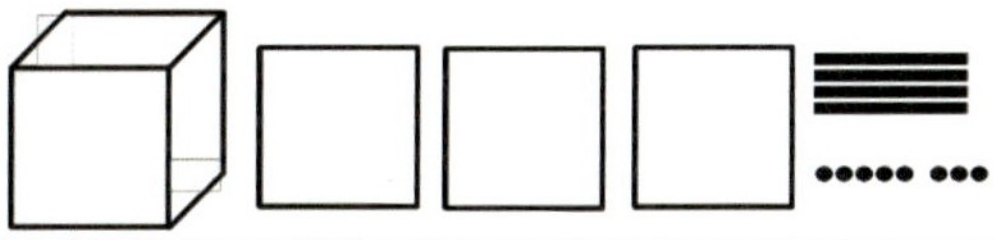	1 348

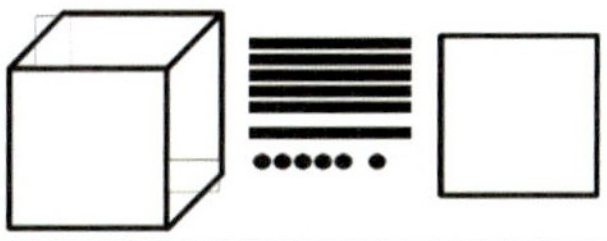	

b) Finde die Fehler von Leonie.
Baue nach und erkläre.

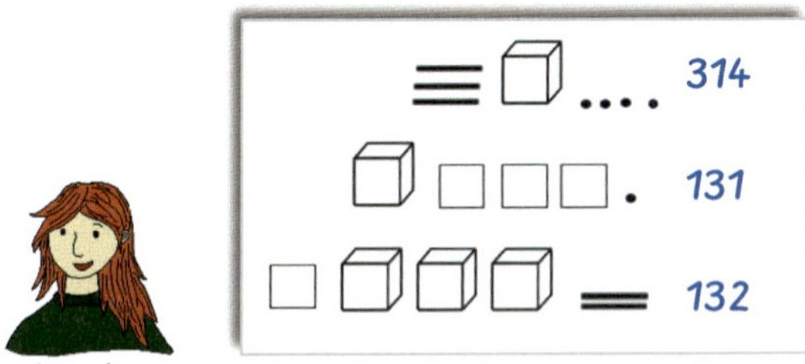

Leonie

c) Legt die Zahlen mit dem Material und zeichnet sie auf.

Zahl	Bild
165	
303	
4001	

1.4 Zahlen darstellen

a) Stellt euch gegenseitig Aufgaben:
- Eine Person nennt eine Zahl, die andere Person zeichnet sie auf.
- Wechselt euch ab.

b) Stellt euch gegenseitig Aufgaben:
- Eine Person zeichnet eine Zahl, die andere Person schreibt die Zahl auf.
- Wechselt euch ab.

c) Besprecht: Weshalb muss man bei Zahlen mit Null besonders aufpassen?

d) Lege verschiedene Zahlen mit genau 3 Teilen vom Material.
Du darfst Tausenderwürfel, Hunderterplatten, Zehnerstangen und Einerwürfel benutzen.
Zeichne und schreibe die Zahlen auf.

12

e)
- Welche ist die größte Zahl, die du mit 3 Teilen legen kannst?
  Zeichne sie auf und erkläre.
- Welche ist die zweitgrößte Zahl, die du mit 3 Teilen legen kannst?
  Zeichne sie auf und erkläre.

f)
- Welche ist die kleinste Zahl, die du mit 3 Teilen legen kannst?
  Zeichne sie auf und erkläre.
- Welche ist die zweitkleinste Zahl, die du mit 3 Teilen legen kannst? Zeichne sie auf.

2 Stellenwerte darstellen

2.1 Zahlen verschieden darstellen

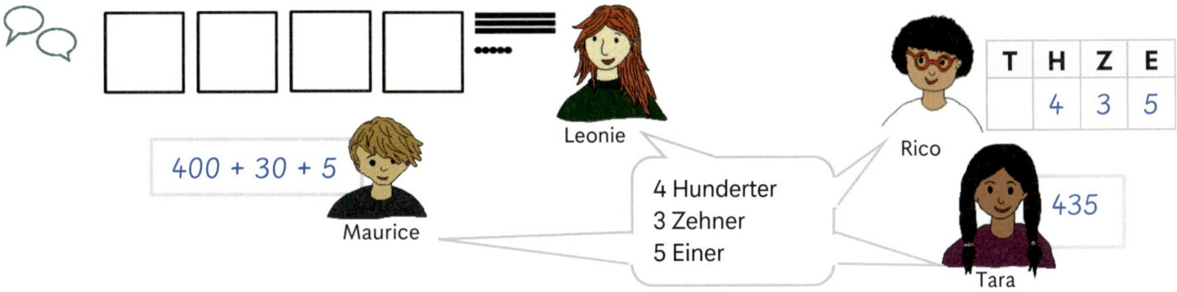

Die vier Kinder stellen die Zahl 435 unterschiedlich dar.

- Beschreibt: Was ist gleich, was ist verschieden?
- Alle vier Kinder beschreiben ihre Darstellung mit der Sprechblase.
  Erklärt, wie sie die Hunderter, Zehner, Einer in ihren Darstellungen jeweils sehen.

2.2 Zahlen darstellen und erklären

a) Fülle die Tabelle aus.

Bild	Stellentafel	Beschreibung	Zerlegte Zahl	Zahl
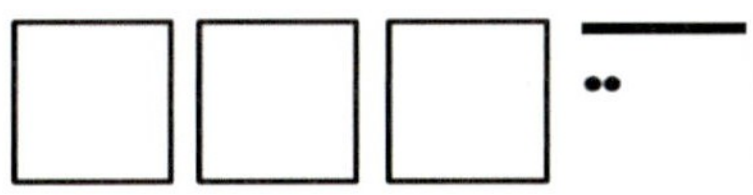	T H Z E H: 3, Z: 1, E: 2	3 Hunderter, 1 Zehner und 2 Einer	300 + 10 + 2	312
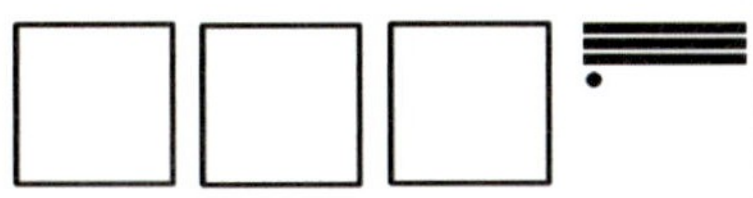	T H Z E			
	T H Z E Z: 4, E: 9 *Stimmt das?*	4 Hunderter und 9 Einer	400 + 9	
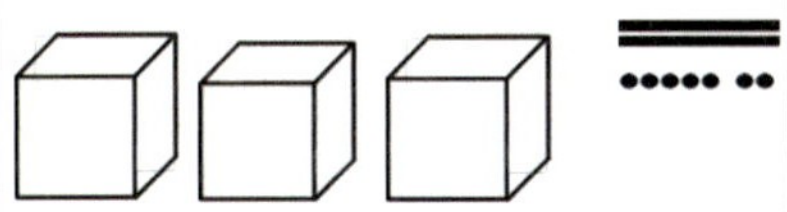	T H Z E			
	T H Z E T: 1, H: 0, Z: 8, E: 6			
	T H Z E			2002

Besprecht:

- Wo findet man die Zehner in den verschiedenen Darstellungen?
- Woran erkennt man jeweils, dass es Zehner sind?

b) Seht euch das Erklärvideo an.
Erklärt euch gegenseitig mit der Stellentafel und dem Würfelmaterial:
Warum sind die Zahlen 3000, 300, 30 und 3 unterschiedlich?

mathe-sicher-koennen.dzlm.de/erklaervideos?nid=709

2.3 Stellenwert-Quartett

a) Spielt das Quartett zu dritt oder zu viert.
Dies sind die **Spielregeln**:

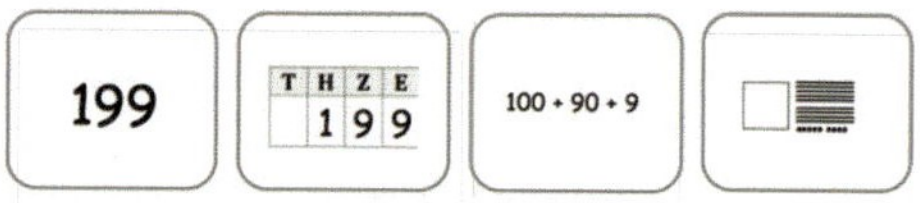

(1) Die Karten werden gemischt und an alle verteilt.
(2) Die erste Person fragt die zweite Person nach einer Karte, die zu ihrem Quartett fehlt:
„Leonie, hast du die 386 als Würfelbild ?“
(„...in der Stellentafel?“ „...als zerlegte Zahl?“ „... als Zahl?“)
(3) Hat die zweite Person die Karte, muss sie die Karte an die erste Person abgeben.
(4) Die erste Person darf so lange nach Karten fragen, bis eine Person „Nein“ sagt. Diese Person stellt dann die Fragen.
(5) Hat eine Person ein vollständiges Quartett, legt sie die 4 Karten offen vor sich auf dem Tisch ab.
(6) Wer als erstes keine Karten auf der Hand hat, gewinnt.

b) Erstellt eigene Quartett-Karten und spielt damit.

2.4 Stellenwerte erklären

a) Trage die Zahl in die Stellentafel ein, schreibe sie als Zahl und ergänze die Sätze.

Bild	Stellentafel	Zahl
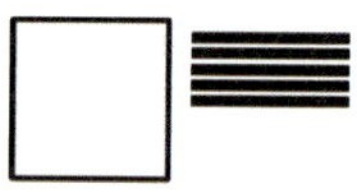	T | H | Z | E	

Die Zahl hat 1 ____________. Daher schreibe ich die Ziffer 1 an die ____________-Stelle.
Die Zahl hat 5 ____________. Daher schreibe ich die Ziffer 5 an die ____________-Stelle.

b) Erklärt, warum die Zahl nicht zur Stellentafel passt: Was fehlt?
Wozu genau brauchen wir in den Zahlschreibweisen die Nullen?

Stellentafel	Zahl
T | H | Z | E | 1 | 9 |	19 f

c) Zeichne die 2 222. Nun zeichne in einer zweiten Farbe 3 Zehner dazu.
Welche Zahl ist es jetzt?
Besprecht: Was genau verändert sich in der Stellentafel?

Bild	Stellentafel	Zahl
	T | H | Z | E 2 | 2 | 2 | 2	

B Ich kann bündeln und entbündeln

1 Material bündeln und entbündeln

1.1 Bündeln als Tauschen von Einern in Zehner

a) Jonas will zu diesem Bild die Zahl aufschreiben.

Bild	Stellentafel	Zahl
	T: – · H: – · Z: 3 · E: 15	

- Wie kann Jonas 3 Zehner und 15 Einer als Zahl aufschreiben?
- In der Stellentafel können 15 in der Einerstelle stehen, wieso aber nicht in der Zahl?

b) Rico hat eine Idee.
- Verändert das Bild: Wie sieht es aus, nachdem Rico gebündelt hat?
- Was steht dann in der Stellentafel?

Bild	Beschreibung	Stellentafel					Zahl
			T	H	Z	E	
Vorher 	*Ich habe 3 Zehner und 15 Einer. Ich bündele 10 Einer in 1 Zehner. Dann habe ich ...*	Vorher			3	15	
Gebündelt		Gebündelt					

c) Gehe vor wie Rico: Bündele die Einer so, dass du die Zahl direkt ablesen kannst.

Bild	Beschreibung	Stellentafel					Zahl
			T	H	Z	E	
Vorher 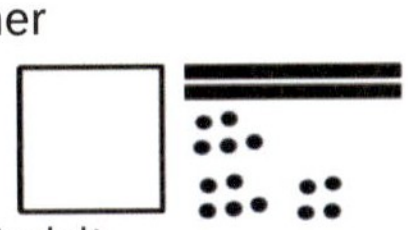	*Ich habe 1 Hunderter, 2 Zehner, 14 Einer. Ich tausche 10 Einer in ___ Zehner. Dann habe ich ...*	Vorher		1	2	14	
Gebündelt		Gebündelt					
Vorher 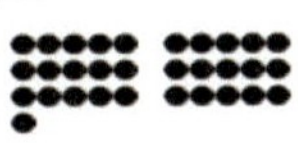	*Ich habe*		T	H	Z	E	
	Ich tausche 30 Einer in ___ Zehner. Dann habe ich ...	Vorher				31	
Gebündelt		Gebündelt					

1.2 Bündeln als Tauschen von Zehnern in Hunderter

a) Wie kannnst du hier bündeln? Warum darfst du so bündeln?

<table>
<tr><th>Bild</th><th>Beschreibung</th><th>Stellentafel</th><th>Zahl</th></tr>
<tr><td>Vorher

Gebündelt</td><td>Ich habe 20 Zehner, 5 Einer.
Ich tausche

Dann habe ich</td><td><table><tr><th></th><th>T</th><th>H</th><th>Z</th><th>E</th></tr><tr><td>Vorher</td><td></td><td></td><td>20</td><td>5</td></tr><tr><td>Gebündelt</td><td></td><td></td><td></td><td></td></tr></table></td><td></td></tr>
<tr><td>Vorher
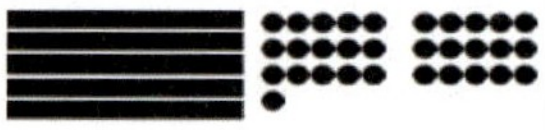
Gebündelt</td><td>Ich habe

Ich tausche

Dann habe ich</td><td><table><tr><th></th><th>T</th><th>H</th><th>Z</th><th>E</th></tr><tr><td>Vorher</td><td></td><td></td><td>5</td><td>31</td></tr><tr><td>Gebündelt</td><td></td><td></td><td></td><td></td></tr></table></td><td></td></tr>
</table>

b) Erkläre, was hat Leonie falsch gemacht hat. Wieso darf sie das so nicht? Korrigiere.

<table>
<tr><th>Bild</th><th>Beschreibung</th><th>Stellentafel</th><th>Zahl</th></tr>
<tr><td></td><td>Ich habe 21 Zehner.
Ich tausche 1 Zehner in Einer.</td><td><table><tr><th></th><th>T</th><th>H</th><th>Z</th><th>E</th></tr><tr><td>Vorher</td><td></td><td></td><td>21</td><td></td></tr><tr><td>Falsch</td><td></td><td></td><td>2</td><td>1</td></tr><tr><td>Richtig gebündelt</td><td></td><td></td><td></td><td></td></tr></table></td><td></td></tr>
</table>

Leonie

1.3 Bündeln im Kopf

a) Stellt euch das Bündeln im Kopf vor. Erklärt, wie ihr tauschen würdet. Wenn ihr euch nicht sicher seid, kontrolliert mit Material.

	T	H	Z	E
Vorher		1	1	35
Gebündelt				

	T	H	Z	E
Vorher		1	23	1
Gebündelt				

	T	H	Z	E
Vorher			10	10
Gebündelt				

b)

	T	H	Z	E
Vorher		2	7	35
Gebündelt				

	T	H	Z	E
Vorher		9	9	14
Gebündelt				

	T	H	Z	E
Vorher	2	10	12	
Gebündelt				

1.4 Zusammenlegen mit Bündeln von Material

a) Tara legt eine Zahl und Jonas legt eine Zahl.
- Wie viele Hunderter, Zehner und Einer haben sie zusammen?
- Wie lautet die Additionsaufgabe?
- Markiere durch Einkreisen, was gebündelt werden muss.
- Schreibe das Ergebnis als Zahl auf.

Tara	Jonas	Additionsaufgabe mit Ergebnis

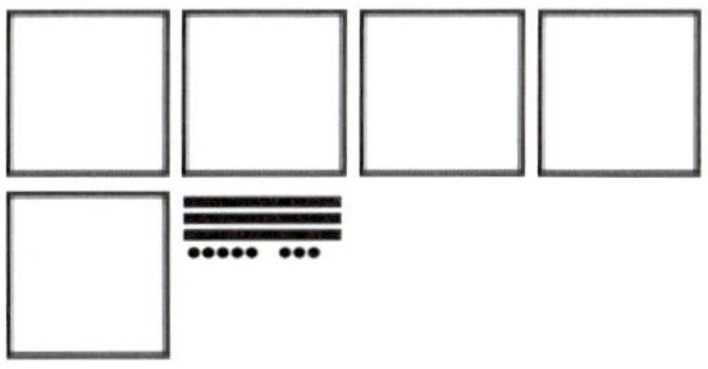		

b) Das Erklärvideo fasst zusammen, was ihr bisher erarbeitet habt.
- Schaut bis Minute 4:18 (bis noch 2:39 Minuten übrig sind).
- Stoppt zwischendurch und baut die Aufgaben nach.
- Erzählt euch gegenseitig, was das Wichtigste ist.

mathe-sicher-koennen.dzlm.de/erklaervideos?nid=688

1.5 Wegnehmen mit Entbündeln von Material

a) Von 2 Zehnern sollen 4 Einer weggenommen werden.

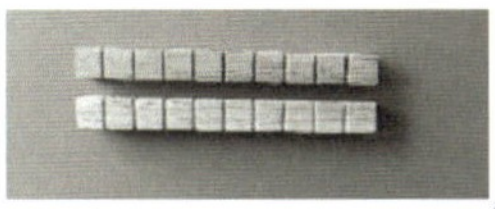

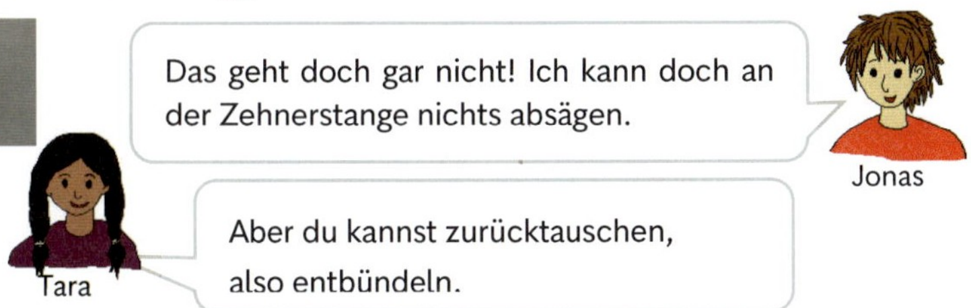

b) Wie muss Jonas tauschen, damit er die Aufgabe lösen kann?
Legt die Aufgabe mit dem Material nach. Wie heißt das Ergebnis?

c)
- Schaut euch im Erklärvideo das Tauschen an, ab Minute 4:18 (noch 2:39 übrig).
- Wie lösen Tara und Jonas das Problem?
- Spielt einige Aufgaben nach:
  Legt das Material so wie Tara und Jonas und sprecht wie sie.

mathe-sicher-koennen.dzlm.de/erklaervideos?nid=688

1.6 Minusrechnen mit Wegnehmen und Entbündeln

Lege mit Material und ergänze die Tabelle.

Aufgabe mit Ergebnis	Bild	Beschreibung des Entbündelns	Bild nach dem Entbündeln
1102 – 11 =	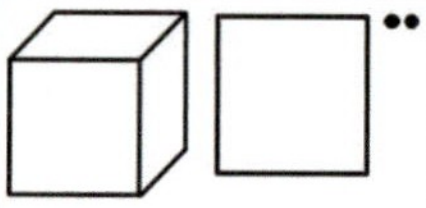	*Ich tausche 1 Hunderter in 10 Zehner.*	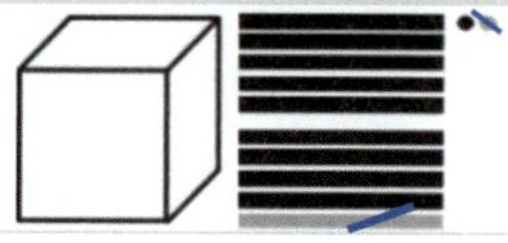
125 – 8 =	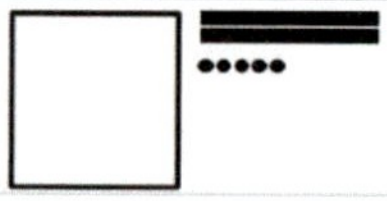		
125 – 18 =			
1175 – 200 =			
			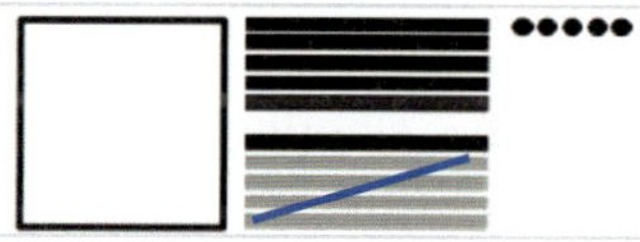

1.7 Immer um 10 und 100 weniger

a) Die Zahl wird immer um 10 weniger. Lege mit Material, zeichne und schreibe als Zahl.

Bild	Zahl
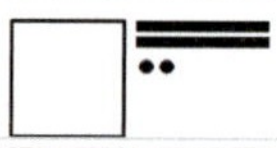	122
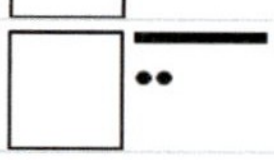	

um 10 weniger
um 10 weniger
um 10 weniger
um 10 weniger

Jetzt entbündele ich die Hunderter und tausche sie in zehn Zehner.

b) Die Zahl wird immer um 100 weniger. Lege mit Material, zeichne und schreibe als Zahl.

Bild	Zahl
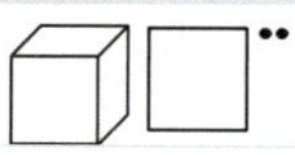	1102

um 100 weniger
um 100 weniger
um 100 weniger
um 100 weniger

Jetzt tausche ich ________
____
________________.

1.8 Entbündeln und Wegnehmen im Kopf

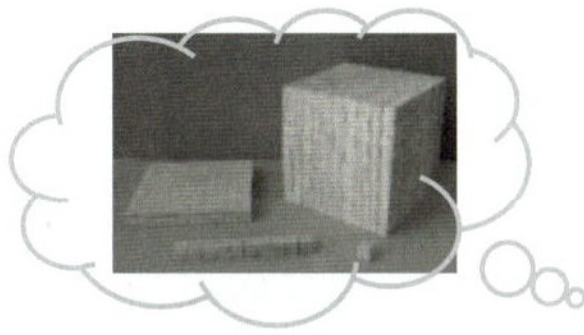

a) Lege die erste Zahl mit Material und stelle dir vor, was du tauschen und wegnehmen willst. Was bleibt übrig? Erkläre.

Lege hin	Nimm in Gedanken weg	Was bleibt übrig?	Aufgabe mit Ergebnis
1 Zehner	1 Einer	9 Einer	
1 Hunderter	1 Zehner		
1 Hunderter	1 Einer		
1 Tausender	1 Hunderter		
1 Tausender	1 Zehner		
1 Tausender	1 Einer		

b) Überlegt gemeinsam: Wann kommt die 9 im Ergebnis einmal, zweimal oder dreimal vor? Erklärt.

1.9 Halbieren mit Material

a) Lege mit dem Material die Zahl 300.
Wie musst du tauschen, damit du die Hälfte wegnehmen kannst? Was bleibt übrig?

b) Stelle dir die Zahl 7 000 mit Material in Gedanken vor.
Wie müsstest du tauschen, damit du die Hälfte wegnehmen kannst? Was bleibt übrig?

c) Sucht euch eine Zahl aus:
- Das erste Kind legt die Zahl mit dem Material.
- Das andere entbündelt in Gedanken und halbiert die Zahl.
- Was müsst ihr tauschen, damit ihr die Hälfte wegnehmen könnt? Was bleibt übrig?

250 50 900
30 750 500

2 Zahlen bündeln und entbündeln

2.1 In der Stellentafel aufräumen

Welche Zahlen sind in der Stellentafel dargestellt?
Warum musst du erst bündeln, bevor du sie als Zahlen schreiben kannst?

T	H	Z	E
3	4	~~5~~ 7	~~2~~2

Zahl: ____________

T	H	Z	E
3	4	25	2

Zahl: ____________

T	H	Z	E
3	24	5	2

Zahl: ____________

2.2 Zahlen in der Stellentafel bündeln

Tragt in die Stellentafel ein und schreibt als Zahl.

	Beschreibung mit Bündeln	Stellentafel				Zahl
		T	H	Z	E	
a)	3 Hunderter, 6 Zehner, 10 Einer					
b)	30 Hunderter, 5 Zehner					
c)	2 Tausender, 3 Hunderter, 61 Zehner, 4 Einer					
d)	12 Hunderter, 4 Einer					
e)	1 Tausender, 10 Hunderter, 10 Einer					
f)	2 Hunderter, 20 Zehner, 20 Einer					

2.3 Tauschen bei Subtraktions- und Additions-Aufgaben

Rechne und stelle dir dazu die Handlung mit Material in Gedanken vor. Erkläre.

a) 1 000 – 1 =
1 000 – 10 =
1 000 – 100 =

b) 1 000 – 5 =
1 000 – 50 =
1 000 – 500 =

c) 900 + 1 =
900 + 10 =
900 + 100 =

d) 999 + 1 =
999 + 10 =
999 + 100 =

2.4 Was passt zusammen?

Spielt „Paare finden“.
Erstellt auch eigene Spielkarten.

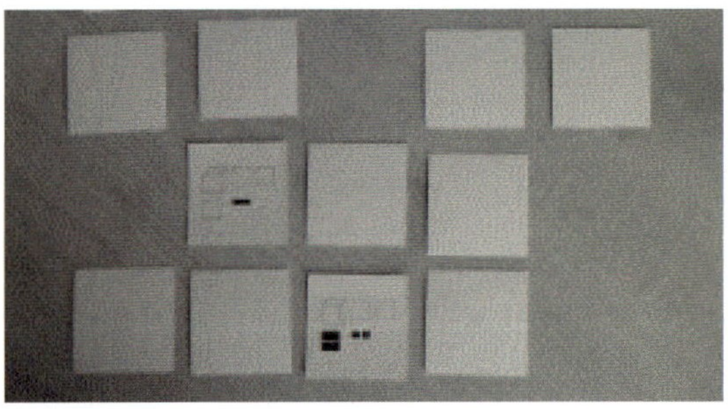

A Ich kann Zahlen am Zahlenstrahl lesen und darstellen

1 Zahlen an der Hunderterkette

1.1 Aufbau der Hunderterkette

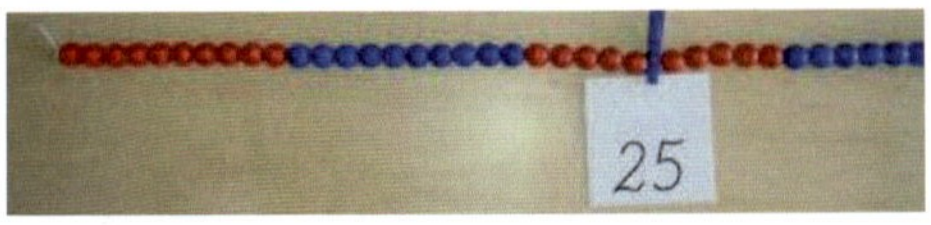

a)
- Was fällt euch an der Kette auf?
- Woran erkennt ihr, dass es 100 Perlen sind?
- Wie viele rote Abschnitte gibt es? Wie viele rote Perlen sind in jedem Abschnitt nebeneinander? Beschreibt das Muster.
- Warum werden die Zahlen zwischen die Perlen gesteckt? Wo zum Beispiel ist die 40? Wie viele Perlen sind dann links von der 40? Wie viele rechts von der 40?

b)
- Zeige den Abschnitt mit den Zahlen 11 bis 20.
- Wo befinden sich die Zahlen 80 bis 89?
- Welche Zahlen befinden sich im letzten Abschnitt?

c)
- Stecke die Zahlenkarten 0, 1, 15 und 21 an die richtige Stelle.
- Beschreibe, wie du vorgehst.

1.2 Zahlen eintragen

a) Trage die passenden Zahlen ein.

b) Verbinde die Zahlen mit der richtigen Stelle.

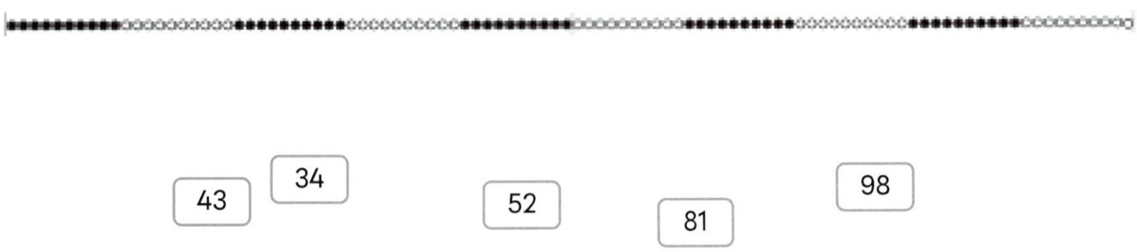

c)
- Welche Zahlen findet man schnell? Erklärt.
- Welche Zahlen sind schwieriger zu finden? Erklärt.
- Was hilft euch, schwierigere Zahlen zu finden?

2 Zahlen am Zahlenstrahl

2.1 Von der Hunderterkette zum Zahlenstrahl

a)

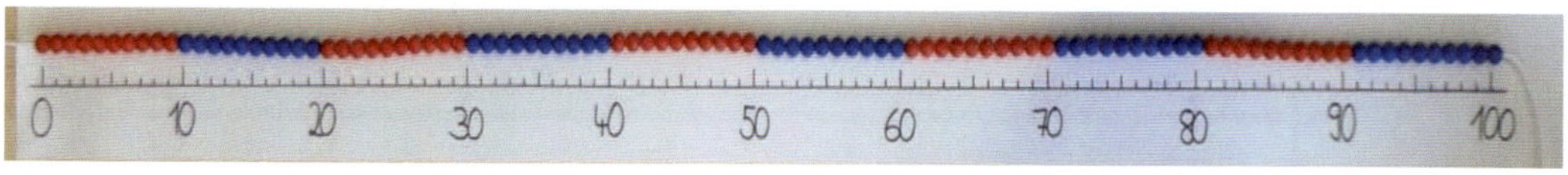

Vergleicht die Hunderterkette mit dem Zahlenstrahl. Beschreibt:
- Was ist gleich? Was ist anders?
- Wie sieht man die roten und blauen Abschnitte am Zahlenstrahl?

b) Wohin gehört die 40? Wohin gehört die 43?
Erkläre mit den roten und blauen Abschnitten der Hunderterkette aus **a)**.

Übrigens: Was bedeutet der Pfeil, der ganz rechts am Zahlenstrahl ist?

c) Trage auch die 34 und die 87 auf dem Zahlenstrahl aus **b)** ein.
- Wo siehst du an dem Zahlenstrahl die Zehner-Abschnitte, wo die Fünfer-Abschnitte?
- Wie nutzt du die Zehner- und Fünfer-Abschnitte, um die 34 und die 87 zu finden?

d) Welche Zahlen haben Sarah und Tim erklärt? Trage sie auf dem Zahlenstrahl aus **b)** ein.

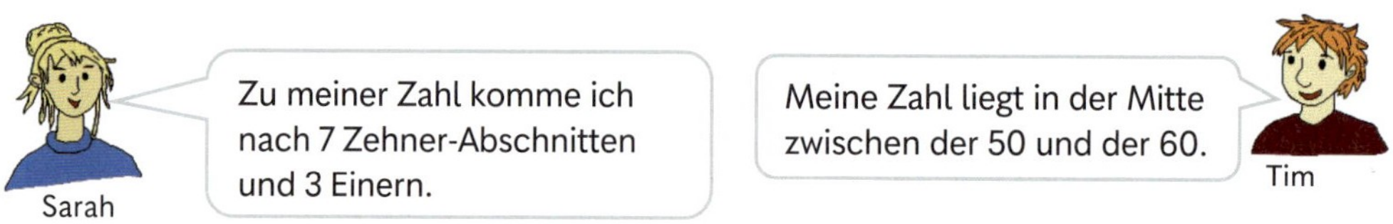

2.2 Zahlen auf dem Zahlenstrahl finden und erklären

a) Trage die passenden Zahlen in die Felder ein.

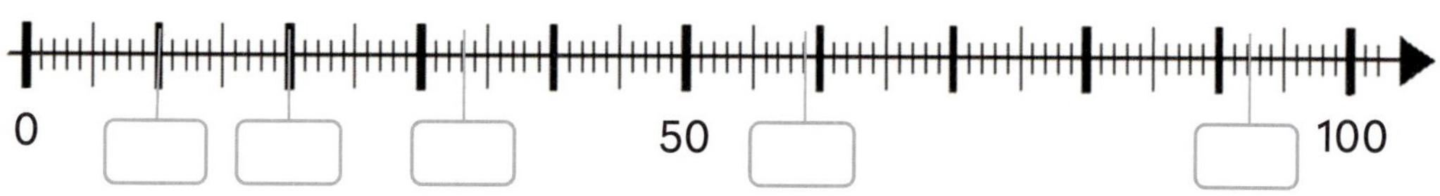

b) Erkläre genau, wieso diese Zahlen in den Felder stehen. Nutze diese Satzanfänge:
Der Hunderterstrahl hat zehn Zehner-Abschnitte, also ist am Ende des 1. Abschnitts...
Die Zahl besteht ... Zehnern und dann noch ... Einer
Die Zahl liegt zwischen ... und ...

2.3 Zahlen ungefähr am leeren Zahlenstrahl eintragen

a) Wie findet man am leeren Zahlenstrahl die ungefähre Position der 25?
Wie gehst du vor? Probiere mit verschiedenen Wegen.

b) Tragt auf dem leeren Zahlenstrahl alle Zehnerzahlen ein. Wie geht ihr vor?
Besprecht:

- Warum sind die Zehnerzahlen hilfreich, um die richtige Stelle für Zahlen zu finden? Erklärt am Beispiel der Zahl 23.
- Tragt die Zahl 23 ein.

c) Wohin gehören diese Zahlen? Tragt sie auf den Zahlenstrahl ein. Erklärt wie Tara.

38 83 45 54 5 93

Die 38 ist im Abschnitt zwischen 30 und 40. Sie ist näher bei der 40.

Tara

3 Zoomen am Zahlenstrahl

3.1 Der Zahlenstrahl unter der Lupe

a) Welche Zahlen liegen unter der Lupe? Erklärt.

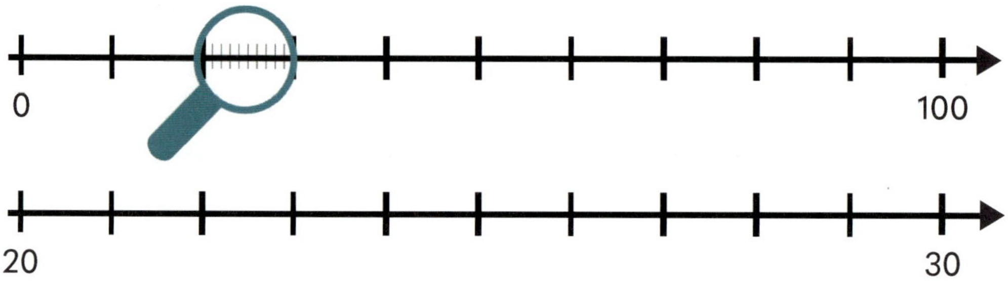

Vergleicht die beiden Zahlenstrahle.

- Was ist gleich? Was ist verschieden?
- Wie groß sind die Abschnitte am Hunderterstrahl, wie groß sind sie am Zahlenstrahl von 20 bis 30?

b) Hier seht ihr einen Tausenderstrahl und einen Abschnitt daraus.

- Zeichnet im Tausenderstrahl die Lupe ein, die zum Abschnitt unten passt.
- Vergleicht eure Lösungen.

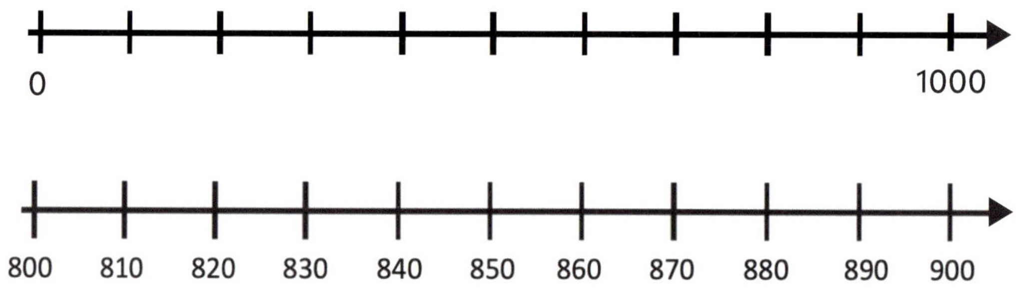

3.2 Verschiedene Zahlenstrahle vergleichen

a) Tara trägt die Zahlen 25 und 50 am Hunderterstrahl- und am Zweihunderterstrahl ein.

Welchen Fehler hat sie gemacht? Erklärt, worauf Tara achten muss.

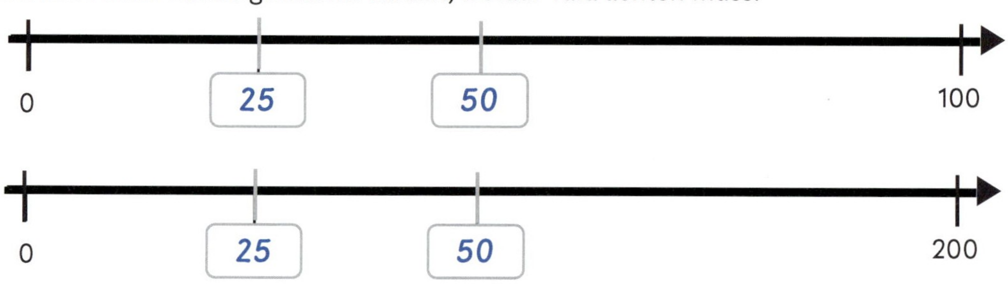

b) Trage folgende Zahlen in beide Zahlenstrahle ein: 10, 50, 75, 100.
Vergleiche, wo die Zahlen auf beiden Zahlenstrahlen ungefähr liegen. Erkläre.

3.3 Herauszoomen

a) Trage die fehlenden Zahlen ein.

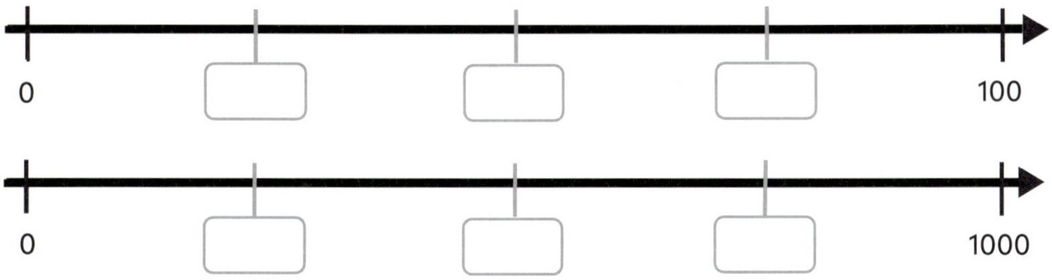

b) Welche Zahlen liegen unter der Lupe? Kreise sie ein.

540 450 499 45 55

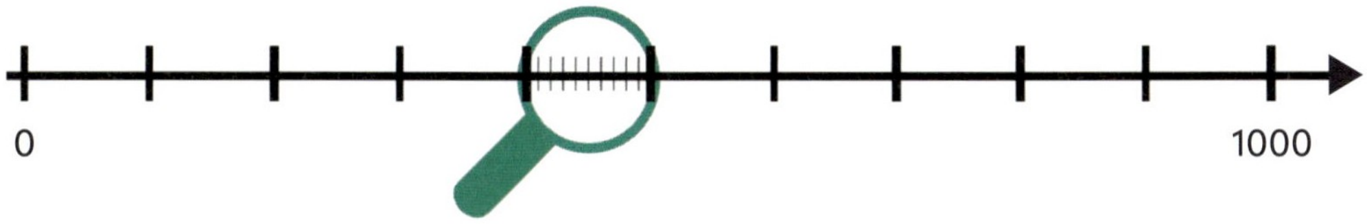

Vergleicht und besprecht eure Lösungen:
Erklärt, wie ihr schnell die Zahlen unter der Lupe findet.

c) Probiert am **digitalen Zahlenstrahl**:

- Mit hoch- und runterscrollen könnt ihr hinein- und herauszoomen (am Computer die linke Maustaste gedrückt halten).
- Mit Finger oder Maus auf dem Zahlenstrahl könnt ihr den sichtbaren Abschnitt verschieben.

Stellt euch jetzt gegenseitig Aufgaben, wie z.B.

- Findet die 455. Zwischen welchen Zehnerzahlen liegt sie? Zwischen welchen Hunderterzahlen liegt sie?

dzlm.de/vam/msk-zahlenstrahl.html

3.4 Abschnitte auf verschiedenen Zahlenstrahlen

a) Wo ist die 10? Wo ist die 83? Trage in beide Zahlenstrahle ein.

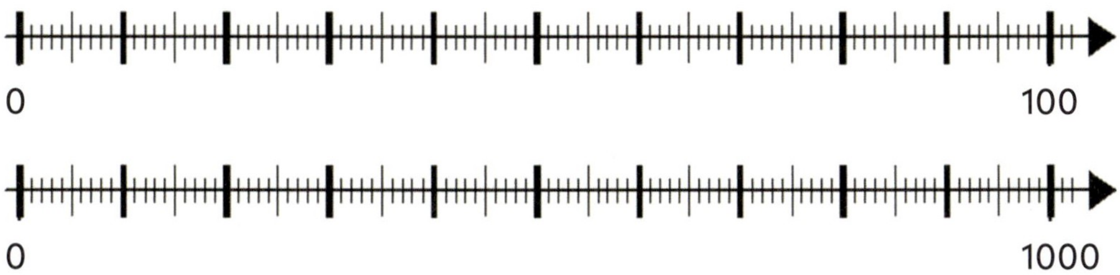

b)

Jonas

An den längeren Strichen stehen immer Zehner.

Das stimmt nicht immer. Der Abstand zwischen Startzahl und Endzahl am Zahlenstrahl sagt uns, in welche Abschnitte der Zahlenstrahl zerlegt ist.

Tara

- Warum meint Tara, dass die Start- und Endzahl wichtig sind?
- Wie findet Tara heraus, wie groß die Abschnitte zwischen den längeren Strichen sind?

3.5 Aufbau des Zahlenstrahls vergleichen

mathe-sicher-koennen.dzlm.de/erklaervideos?nid=711

a) Seht euch das Erklävideo an und überlegt gemeinsam:

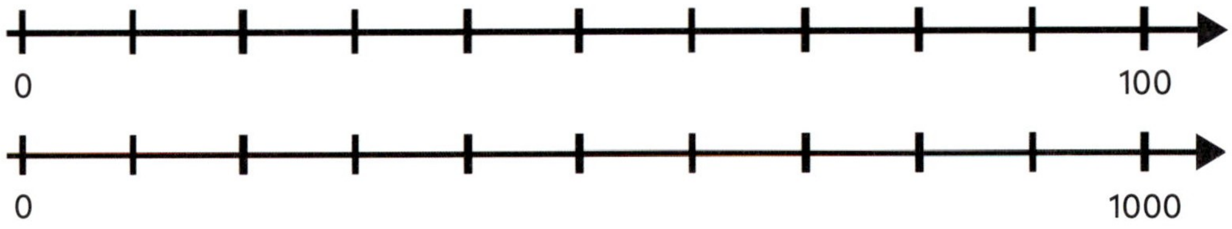

Am Zahlenstrahl von 0 bis 100:
- In welchem Abschnitt liegen Zahlen, die drei Zehner haben?
- In welchem Abschnitt liegen Zahlen, die null Zehner haben?

b) Am Zahlenstrahl von 0 bis 1000:
- Wie viele 100er-Abschnitte passen auf den Zahlenstrahl, der bis 1000 geht?
- In welchem Abschnitt liegen Zahlen, die neun Hunderter haben?

c) Vergleicht die beiden Zahlenstrahle: Wie groß sind die Abschnitte?
Welche Zahlen liegen untereinander?

3.6 Zahlen anordnen

a) Verbinde die Zahlen mit der richtigen Stelle.

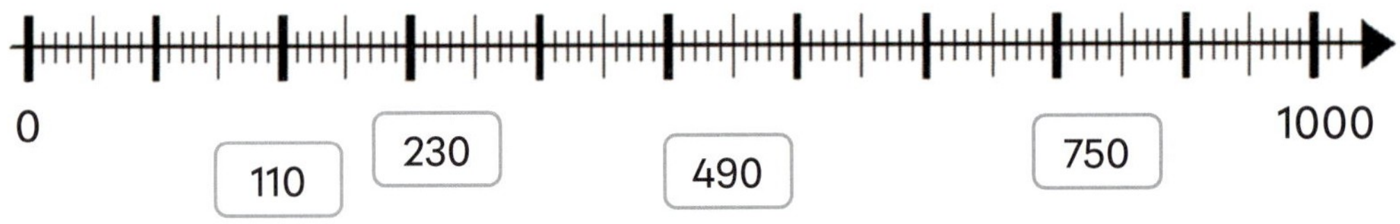

b) Trage die passenden Zahlen in die leeren Felder ein.

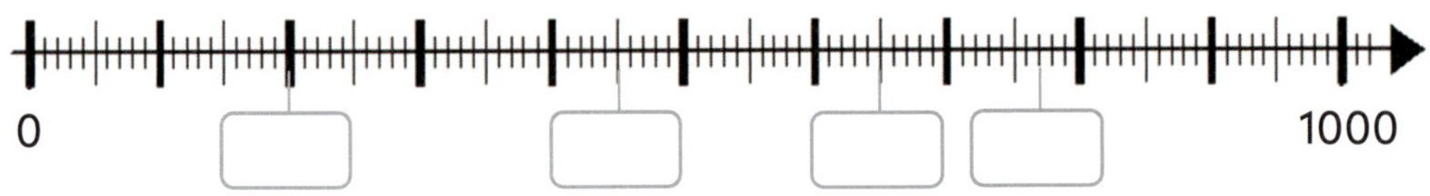

c) Kontrolliere dein Ergebnis am **digitalen Zahlenstrahl**.

dzlm.de/vam/msk-zahlenstrahl.html

d) Welche Fehler haben Tim und Emily gemacht? Erklärt, worauf sie achten müssen.

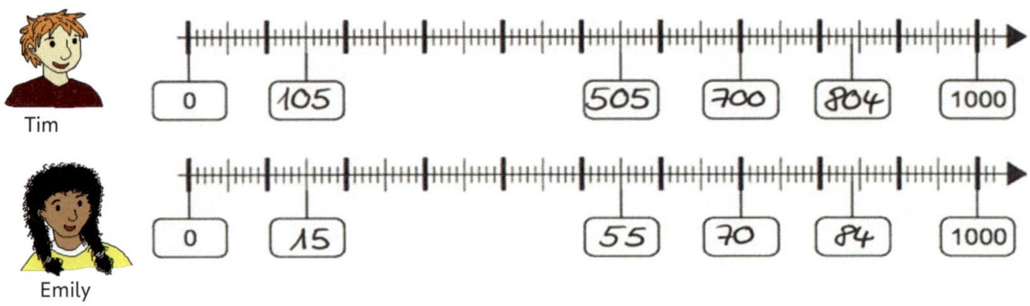

3.7 Zoomen und Zahlen finden

Arbeite am **digitalen Zahlenstrahl**:
Finde jede Zahl durch Hineinzoomen.
Überlege vorher, in welchen Abschnitt du hineinzoomen musst.

- Die Startzahl ist 0, die Endzahl ist 1000. 214 28
- Die Startzahl ist 200, die Endzahl ist 300. 209 290

dzlm.de/vam/msk-zahlenstrahl.html

3.8 Zahlen am Tausenderstrahl eintragen

a) Wo liegen die Zahlen ungefähr am leeren Zahlenstrahl?

Verbindet und tragt auch Zahlen ein, die euch helfen können.

b) Tragt Zahlen ein, die passen könnten. Erklärt, was ihr euch überlegt habt.
Besprecht: Wie nutzt ihr die Nähe der Zahlen zueinander?
Kontrolliert eure Ergebnisse am **digitalen Zahlenstrahl** aus Aufgabe **3.7**.

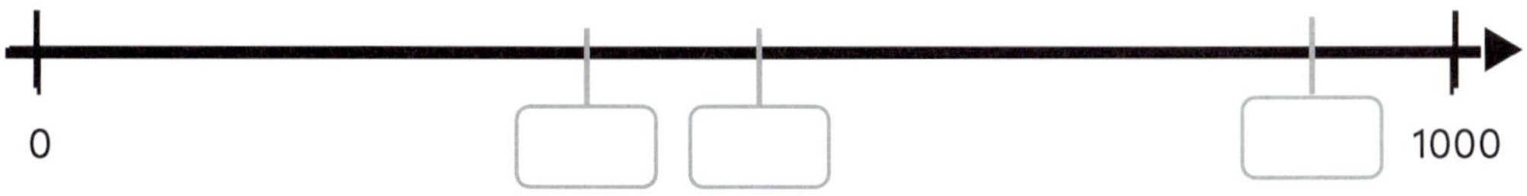

3.9 Wenn der Zahlenstrahl nicht bei Null anfängt

a) Verbindet die Zahlen mit dem Zahlenstrahl. Tragt auch Zahlen ein, die euch helfen.

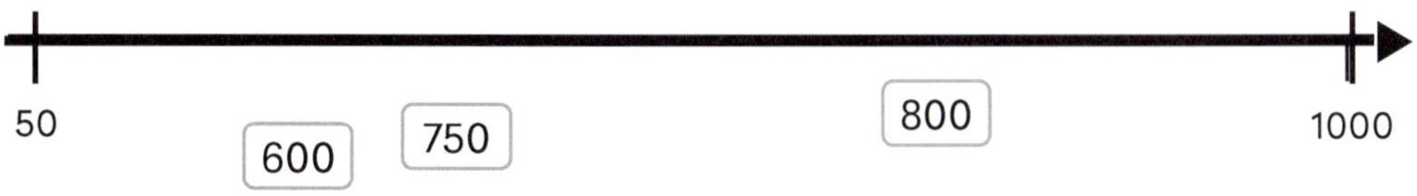

b) Was könnte helfen, um die Zahl 89 zu finden?

c) Wie findest du die Zahl 85 am Zahlenstrahl von **b)**?

B Ich kann Zahlen einordnen und vergleichen.

1 Nachbar-Zehner und Nachbar-Hunderter

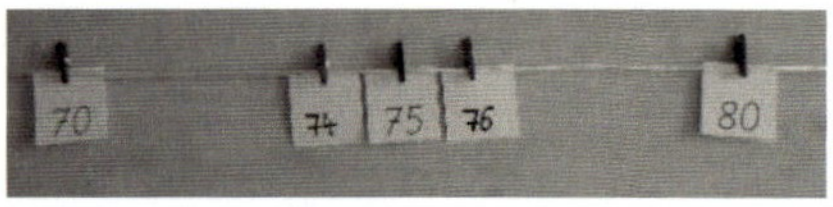

1.1 Zahlen am Zahlenstrahl

a)
- Heftet eine Zahlenkarte an den leeren Zahlenstrahl.
- Beschriftet 2 Karten mit dem Vorgänger und dem Nachfolger und heftet sie an die richtigen Stellen.
- Findet auch die Nachbar-Zehner und heftet sie an die richtige Stelle.
  Achtung, wenn die Zahl eine Zehnerzahl ist, dann ist sie ihr eigener Nachbar!
  Das ist anders als bei Vorgänger und Nachfolger.

b) Welche Karten könnt ihr besonders schnell einsortieren? Begründet.

1.2 Zahlen eintragen und sortieren

a) Wie lauten die Zahlen, zwischen denen die ZAHL steht? Trage ein und zeige am Zahlenstrahl.

Vorgänger	ZAHL	Nachfolger
20	**21**	22
	99	
	310	
	6001	
	8100	

b) Zwischen welchen beiden Zehnerzahlen und Hunderterzahlen steht die Zahl?
Tragt ein und zeigt am Zahlenstrahl.
Wenn ihr nicht sicher seid, kontrolliert am **digitalen Zahlenstrahl**.

dzlm.de/vam/msk-zahlenstrahl.html

Kleinere Nachbar-Hunderter	Kleinere Nachbar-Zehner	ZAHL	Größere Nachbar-Zehner	Größere Nachbar-Hunderter
100	130	**134**	140	200
		410		
		720		
		1000		
		9991		

c) Wie könnt ihr Rico zeigen, dass
100 der größere Nachbar-Zehner von 96 ist?

Ich glaube, die Nachbar-Zehner von 96 sind 90 und 110.

Rico

1.3 Zahlen runden

a) Zahlen auf **Zehner** zu runden, bedeutet, zu dem Nachbar-Zehner zu gehen, der am nächsten dran liegt. Man schreibt z.B. **24 ≈ 20** und **27 ≈ 30**

- Zeige am Zahlenstrahl, wie man sieht, dass 24 näher an 20 als an 30 liegt und 27 näher an 30 als an 20 liegt.

- Runde folgende Zahlen auf den nächsten Nachbar-Zehner. Zeichne die beiden Nachbar-Zehnerzahlen als Start- und Endzahl ein und verorte die Zahl.

17 ≈

13 ≈

117 ≈

113 ≈

b) Zahlen auf **Hunderter** zu runden, bedeutet, zum Nachbar-Hunderter zu gehen, der am nächsten dran liegt. Man schreibt z.B. **224 ≈ 200** und **270 ≈ 300**

- Zeige am leeren Zahlenstrahl, wie man sieht, dass 224 näher an 200 als an 300 liegt und 270 näher an 300 als an 200 liegt.

- Runde folgende Zahlen auf den nächsten Nachbar-Hunderter und zeichne auf.

117 ≈ **177** ≈

17 ≈ **87** ≈

351 ≈ **341** ≈

c) Bei einigen Zahlen sind die gesuchten Nachbarn gleich weit weg. Man hat sich geeinigt, dass man dann **auf**rundet, also zum größeren Nachbarn geht: **25 ≈ 30**

- Runde auf den nächsten Zehner.

  274 ≈

  275 ≈

  270 ≈

- Runde auf den nächsten Hunderter.

  250 ≈

  254 ≈

  255 ≈

*d) Stellt euch Zahlenrätsel:
- Die gerundete Zahl heißt 410. Wie könnte die Zahl vorher gelautet haben?
- Die gerundete Zahl heißt 700.
- ...

Wenn ihr nicht sicher seid, kontrolliert am **digitalen Zahlenstrahl**.

dzlm.de/vam/msk-zahlenstrahl.html

2 Die Mitte finden

2.1 Die Mitte finden

a) Welche Zahl liegt jeweils in der Mitte des Zahlenstrahls? Trage Zahlen zur Hilfe ein.

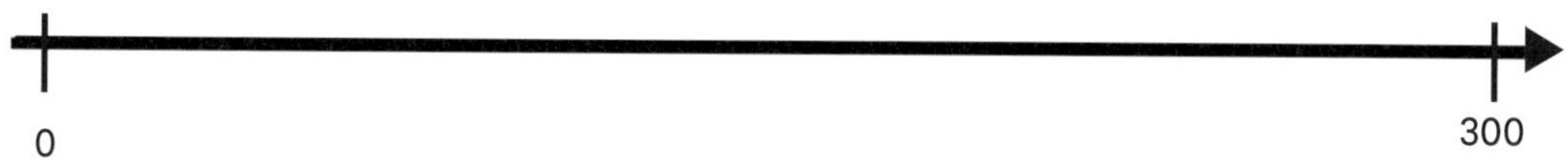

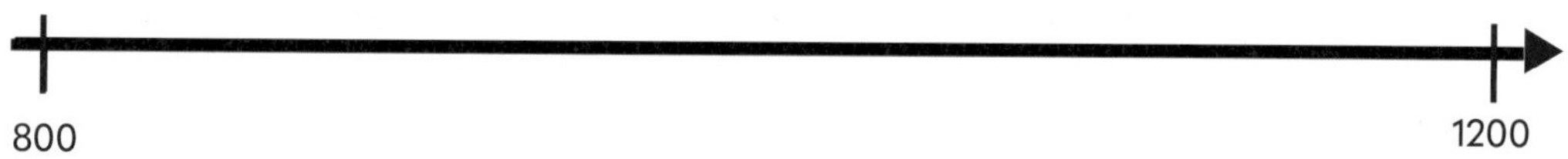

Wie seid ihr vorgegangen? Erklärt.

b) Welche Zahl liegt jeweils in der Mitte auf dem Zahlenstrahl?
Wie kann man sie finden?

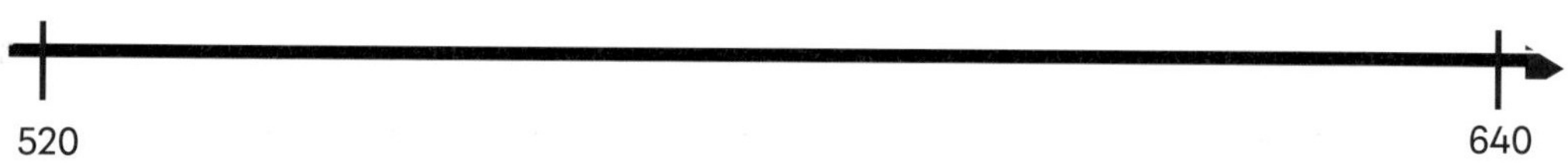

c) Was hat Jonas falsch gemacht? Erklärt.

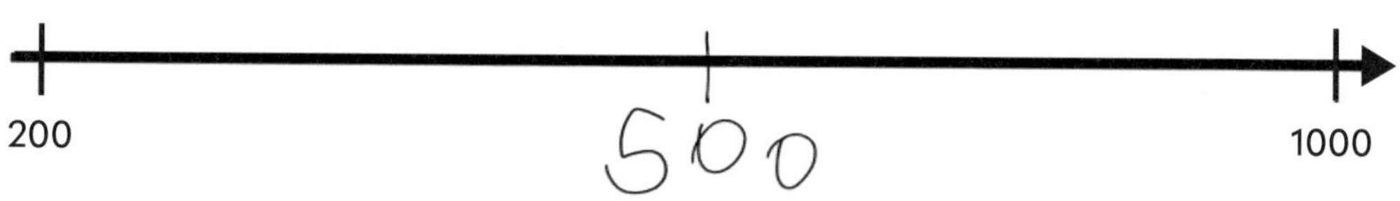

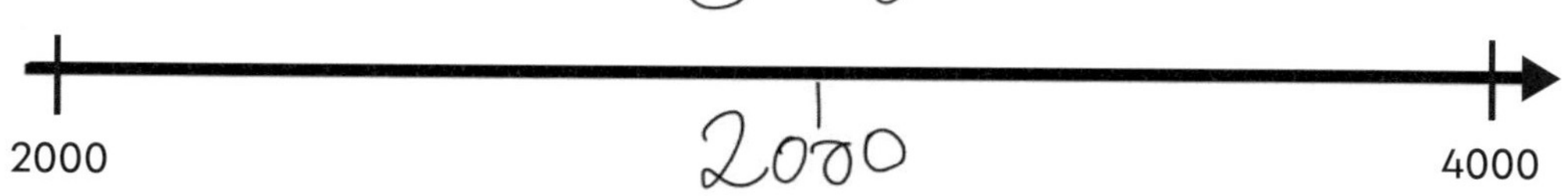

2.2 Startzahl und Endzahl bestimmen

a) Welche Zahlen kommen in die freien Felder?
Tara hat diese Schritte gezeichnet, wie kann sie weitermachen? Füllt aus und erklärt.

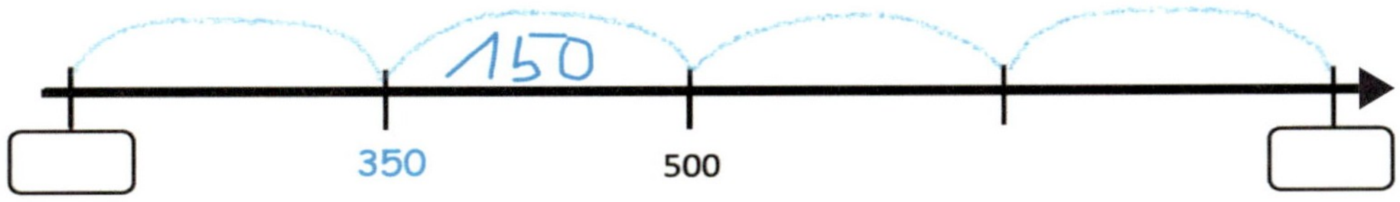

b) Zeichne wie Tara in **a)** Schritte und trage die Zahlen ein.

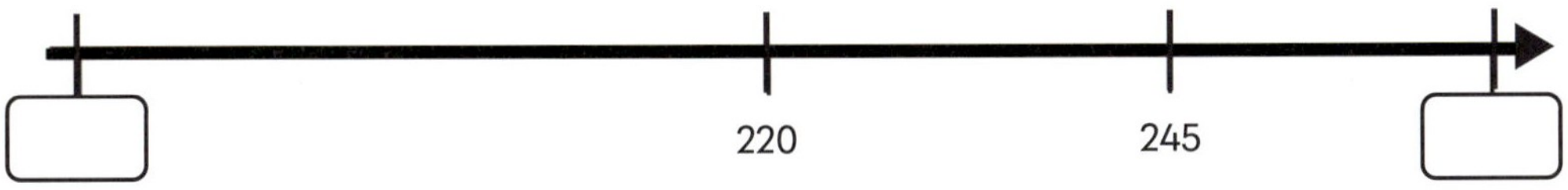

c) Findet mehrere Möglichkeiten für die Start- und Endzahl. Besprecht eure Ideen.

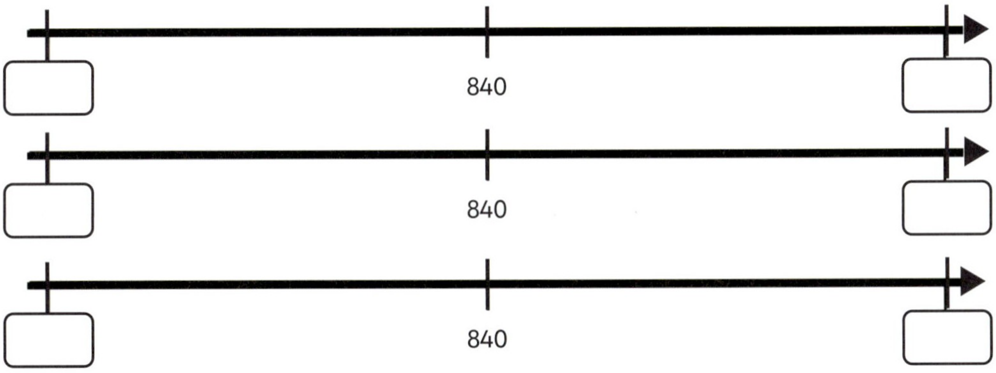

2.3 Zahlbeziehungen nutzen

a) Wie kann man die ungefähre Stelle für die Zahl 2130 finden?

b) Seht euch das Erklärvideo an. Beschreibt:
Wie genau finden Leonie und Tim die Zahl 2130?

mathe-sicher-koennen.dzlm.de/erklaervideos?nid=710

c) Besprecht: Wie findet ihr die Zahl 2230 am Zahlenstrahl von 1500 bis 2500 geschickt?

d) Wie helfen dir die Mitte und die Nachbarzahlen, um die Zahl 2640 an dem leeren Zahlenstrahl von 0 bis 4000 ungefähr einzuzeichnen?

e) Stellt euch gegenseitig Aufgaben:
- Eine Person nennt eine Start- und Endzahl.
- Die andere zeichnet den Zahlenstrahl und sucht die Mitte.
- Danach sucht ihr die Zahl zu zweit am **digitalen Zahlenstrahl** und beschreibt, wie ihr kontrollieren könnt, ob es wirklich die Mitte ist.

Besprecht: Für welche Zahlen ist die Aufgabe einfach? Für welche ist sie schwierig?

dzlm.de/vam/msk-zahlenstrahl.html

3 Zahlen vergleichen

3.1 Von klein nach groß

Ordne die Zahlen von klein nach groß.

a) 78, 990, 87, 999, 101, 110, 99

_____ < _____ < _____ < _____ < _____ < _____ < _____

b) Worauf musst ihr achten, wenn ihr die Zahlen der Größe nach ordnet?

c) 1200, 7373, 4880, 3772, 12 000, 4808, 3737

_____ < _____ < _____ < _____ < _____ < _____ < _____

d) 101, 1001, 1010, 1100, 10 100, 110, 10 001

_____ < _____ < _____ < _____ < _____ < _____ < _____

e) Wenn du unsicher bist, kontrolliere deine Ergebnisse am **digitalen Zahlenstrahl**.

dzlm.de/vam/msk-zahlenstrahl.html

3.2 Größer, kleiner, gleich

a) Wie merkst du dir, welches Zeichen für welchen Vergleich steht? Gib Tara einen Tipp.

Ich kann mir nie merken, welches Zeichen für „ist größer als“ steht: > oder < ?

Tara

b) Vergleiche: > oder < oder =

1288 ___ 1822	8101 ___ 801	2022 ___ 223
3045 ___ 3054	7 H 10 E ___ 710	7500 ___ 750
2300 ___ 2 T 3 Z	9998 ___ 999	1001 ___ 1010
8550 ___ 8055	556 ___ 5501	2020 ___ 20 T

c)
- Worauf achtet ihr zuerst, wenn ihr die Zahlen vergleicht?
- Wie kann euch der Zahlenstrahl (oder auch das Würfelmaterial) dabei helfen?
- Welche Aufgaben sind für euch einfach, welche sind schwieriger?

d) Stellt euch gegenseitig einfache und schwierige Aufgaben zum Vergleichen. Wechselt euch ab.

3.3* Richtig oder falsch?

Wer hat Recht? Begründet.

Die kleinste dreistellige Zahl hat 3 Nullen.

Leonie

Rico

Es gibt eine vierstellige Zahl, deren Vorgänger die Zahl 1000 ist.

Es gibt eine sechsstellige Zahl, die größer als 999 999 ist.

Kenan

4 Große Zahlen ohne Zahlenstrahl vergleichen

4.1 Zahlen in der Stellentafel

a) Nehmt die große Stellentafel.

M	HT	ZT	T	H	Z	E

- Tragt folgende Zahlen ein: Zehn, Hundert, Tausend, Zehntausend, Hunderttausend, eine Million.
- Vergleicht die Zahlen. Was fällt euch auf?
- Verändert die Stellentafel so, dass auch zehn Millionen und hundert Millionen eingetragen werden können.

b) Stellt einen Sichtschutz zwischen euch auf.
- Die erste Person legt mit Ziffernkarten eine Zahl und benennt sie. Die Zahl muss drei Nullen und 2, 3 oder 4 weitere Ziffern haben.
- Die zweite Person trägt die Zahl in die Stellentafel ein.
- Kontrolliert und wechselt euch ab.

4.2 Zahlen der Größe nach ordnen

a) Ordne die Zahlen nach ihrer Größe. Beginne mit der kleinsten Zahl.

67 195	1.	______________
667 195	2.	______________
676 656	3.	______________
76 400	4.	______________
676 040	5.	______________

b) Wie seid ihr beim Sortieren vorgegangen? Worauf habt ihr geachtet? Begründet mit der Stellentafel oder dem digitalen Zahlenstrahl.

4.3 Zahlen bilden

a) Bilde aus den Ziffern 1, 2, 5, 7 alle möglichen Zahlen und schreibe sie auf. Jede Ziffer muss genau einmal vorkommen.

b) Ordne die Zahlen. Beginne mit der größten Zahl.

c)
- Eine Person wählt 5 Ziffern.
- Die andere Person darf jede Ziffer nur einmal nutzen und soll daraus die größte und die kleinste Zahl bilden.
- Dann wechselt euch ab.
- Findet ihr auch die zweitgrößte und zweitkleinste Zahl?

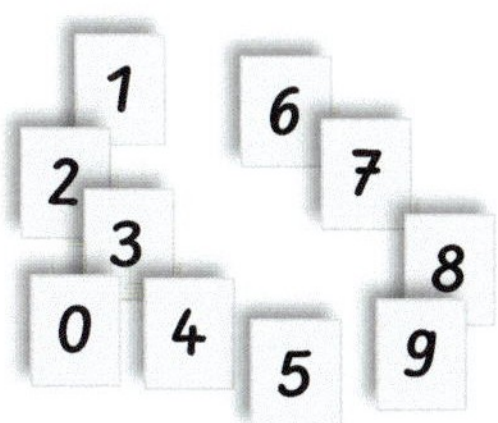

C Ich kann in Schritten zählen

1 In Schritten zählen

1.1 Verschiedene Schrittgrößen

a)

Ich habe in 100er-Schritten gezählt. Jeder Abschnitt ist bei mir einen 100er-Schritt groß.

Rico

Wie könnte Rico bei den folgenden Zahlenstrahlen gezählt haben?
Beschrifte die Zahlenstrahle unterschiedlich.

b) Vergleicht eure Zahlenstrahle miteinander und sprecht dabei wie Rico.

c) Schaut euch das Erklärvideo an.
Wie haben Leonie und Tim den Zahlenstrahl eingeteilt?
Vergleicht mit euren Zahlenstrahlen.

mathe-sicher-koennen.dzlm.de/erklaervideos?nid=712

1.2 Eigene Zahlenstrahle zeichnen

a) Zeichne ungefähr Tims Zahlenstrahl in dem richtigen Ausschnitt und mit seinen Schritten.

Die Startzahl ist 3200, die Endzahl 3500
Der Unterschied ist 300. Ich zeichne 15 gleichgroße Schritte. Es sind 20er-Schritte.

Tim

b)
- Wählt zu zweit eine Startzahl und eine Endzahl.
- Alle zeichnen dazu einen eigenen Zahlenstrahl.
- Und alle Schritte, die zwischen die Startzahl und Endzahl passen.

c) Zeigt einem anderen Zweierteam eure Zahlenstrahle und beschreibt sie wie Tim.
Findet ihr noch eine weitere Möglichkeit, Schritte hinein zu zeichnen?

d) Überlegt: Warum können eure Zahlenstrahle so unterschiedlich aussehen?

2 Schritte verändern am Zahlenstrahl

2.1 Rückwärts zählen

a) Zeichne von 40 aus **rückwärts** Fünfer-Schritte bis zur 10 ein. Schreibe die Zahlen dazu.

b)

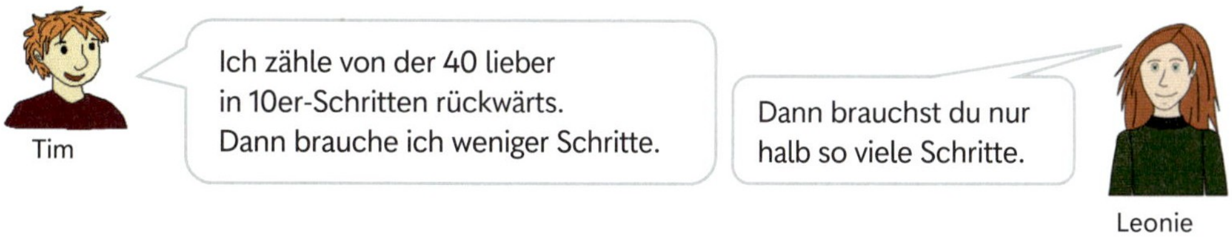

Hat Leonie recht? Warum oder warum nicht? Zeigt am Zahlenstrahl.

c)
- Wähle eine Endzahl und trage sie auf dem leeren Zahlenstrahl ein.
- Zähle fünf Zehnerschritte rückwärts und zeichne die Schritte ein.
- Bei welcher Zahl landest du?

2.2 Anzahl und Größe der Schritte hängen zusammen

a) Schreibt als Startzahl 20 und als Endzahl 80.
- In welche Schritte kann man den Gesamtabstand einteilen? Zeichnet ein.
- Wie verändert sich die Anzahl der Schritte?
- Findet verschiedene Möglichkeiten und erklärt, warum man mal mehr oder weniger Schritte braucht.

b) Stellt euch gegenseitig Aufgaben zum Zählen in Schritten:

- Eine Person nennt eine Startzahl und eine Endzahl.
- Die zweite Person nennt mögliche Schritte.
- Schaut gemeinsam am Zahlenstrahl, ob ihr mit diesen Schritten bis zur Endzahl kommt. Falls das nicht klappt, überlegt, wie ihr die Schritte verändern könnt.
- Wechselt euch ab.

c) Stellt euch nun Aufgaben mit Zahlenstrahl im Kopf:
- Die erste Person sagt zum Beispiel: Du startest bei 54 und gehst in drei Zehnerschritten rückwärts. Wo landest du?

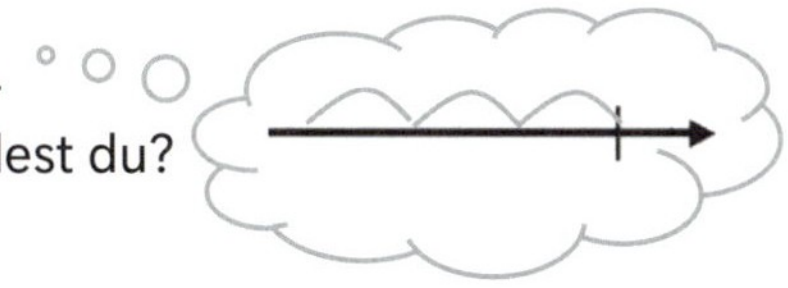

- Die zweite Person sagt die Zielzahl.
- Dann stellt die zweite Person eine neue Aufgabe.

3 Zahlenfolgen

3.1 Zahlenfolgen finden

a) In Schritten zählen kann man auch ohne Zahlenstrahl, wenn man Zahlenfolgen aufschreibt. Ergänze die Zahlenfolgen vorwärts und rückwärts.

0	500	1000					

					901	1001	1101

981	991						

						9047	9057

b) Erklärt, wie man die Schritte bestimmt, in denen gezählt worden ist.
Wie geht ihr vor, wenn nur die Startzahl und Endzahl angeben sind?

50							400

30							170

c) Überlege dir, in welchen Schritten man noch zählen kann und erfinde eigene Zahlenfolgen. Findest du auch eine komplizierte Zahlenfolge?

3.2 Fehler finden

An welcher Stelle stimmt die Zahlenfolge nicht? Korrigiere die Fehler und begründe.

1250	2250	3250	4250	5550	6250	7250	8250

3580	3530	3480	3430	3380	3350	3280	3230

Ich kann Aufgaben zu Situationen finden und umgekehrt

1 Addition und Subtraktion mit Material legen

1.1 Addition mit Material legen

a) Jonas legt 65 + 12 mit Würfelmaterial und erklärt seine Handlung.
Legt nach. Was meint Jonas mit „dazu“?

Ich lege 65. **Dazu** lege ich 12. Dann räume ich auf.

b) Die Menge, die dazugekommen ist, zeichnen wir grau. Finde die passende Aufgaben.

(1) 

(2) 

1.2 a) Subtraktionen mit Material legen

Emily und Tim wollen die Aufgabe **43 − 11 = 32** mit Würfelmaterial legen.

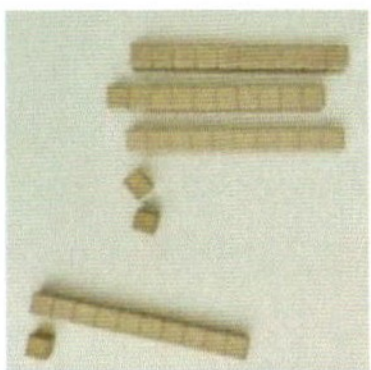

Ich lege 43.
Davon nehme ich 11 weg.

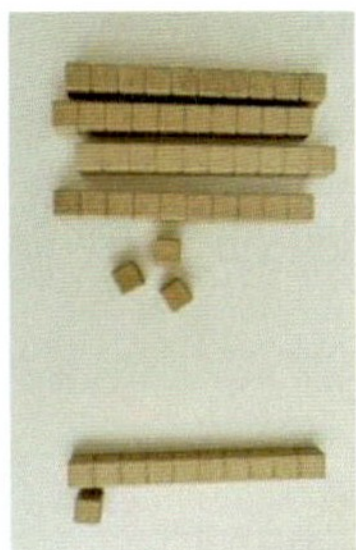

Ich lege 43.
Und ich lege 11.
Dann nehme ich 11 weg.
Das Ergebnis ist 43?

- Lege die Aufgabe nach.
- Was meint Emily mit „davon“? Wie zeigt sie das Minus?
- Erklärt, welchen Fehler Tim gemacht hat. Was müsste er verändern, damit sein Materialbild und seine Aussage zur Subtraktion passen?

b) Zu Emilys Darstellung aus **a)** sieht Kenan noch eine zweite Subtraktions-Aufgabe.
Denn mit Subtraktion kann man auch herausfinden, wie viele man noch ergänzen muss.

Ich habe 32 und möchte 43.
Ich muss noch 11 dazu legen.

- Wie lautet Kenans Aufgabe?

c) Lege die Aufgabe **46 − 13** mit Material und zeichne ein Bild wie in **1.1b)**.
- Zeigt dein Bild wie für Emily das Wegnehmen oder wie für Kenan das Ergänzen?
- Finde in deinem Bild eine zweite Subtraktions-Aufgabe.
Erkläre wie Emily oder Kenan, wie man diese Aufgabe im Bild sieht.

1.3 Addition und Subtraktionen gehören zusammen

a)

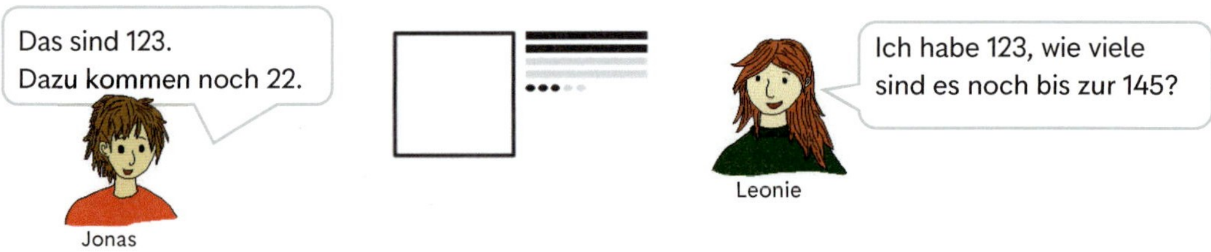

- Welche Aufgabe sieht Jonas? Zeige im Bild. Aufgabe: ____________
- Welche Aufgabe sieht Leonie? Zeige im Bild. Aufgabe: ____________
- Wie siehst du auch noch diese Aufgabe? Zeige im Bild. Aufgabe: 145 – 22

b) Zeige mit dem Würfelmaterial oder einem Bild, was hier gesagt wird.
Warum passen diese drei Aufgaben gut zusammen?

18 – 16 — Hier liegen **16**. Ich möchte aber 18. Wie viele muss ich dazulegen?

18 – 2 — Hier liegen **18**. Davon nehme ich 2 weg. Wie viele bleiben übrig?

16 + 2 — Hier liegen **16**. Dazu lege ich 2. Wie viele sind es zusammen?

c) Lege die Aufgabe ***36 – 23*** mit Material und zeichne ein Bild.

- Hast du „Wegnehmen“ gedacht wie Emily oder „Ergänzen“ wie Kenan?
- Finde in deinem Bild eine zweite Subtraktions-Aufgabe.
  Erkläre wie Emily oder Kenan, wie man sie im Bild sieht.
- Finde auch eine passende Additions-Aufgabe dazu wie Jonas.

d)
- Welche drei Aufgaben passen zusammen?
  Zeichne ein Bild auf und erkläre, wie sie zu dem Bild passen, ähnlich wie in **b)**.
- Welche Aufgabe passt nicht dazu?
  Finde auch für sie passende Aufgaben und zeichne ein Bild, in dem man sie sehen kann.

48 – 40 | 8 + 40 | 48 – 8 | 40 – 8 | 48 + 8

1.4 Passende Aufgaben finden

Arbeitet zu zweit zusammen:

- Jede Person wählt eine Additionsaufgabe aus und zeichnet sie auf.
- Dann tauscht ihr die Bilder aus und findet zusammen beide Subtraktionsaufgaben dazu.
- Erklärt immer, wie man die Aufgaben im Bild sieht.
  Wonach wird gefragt, was weiß man schon?

Wie viel muss ich dazulegen?

Wie viele bleiben übrig?

Wie viele sind es zusammen?

1.5 Rechnen mit Bildern im Kopf – mit Bündeln und Entbündeln

Wer sich eine Rechnung im Kopf vorstellen kann, kann sie auch rechnen, wenn zu wenig Einer da sind. Stellt die Trennwand zwischen euch auf den Tisch und geht vor wie Tara und Rico:

a) (1) Tara wählt eine **Additionsaufgabe**, aber verrät sie nicht.
(2) Sie legt die 1. Zahl mit Material, zeigt sie für Rico und legt sie hinter die Trennwand.

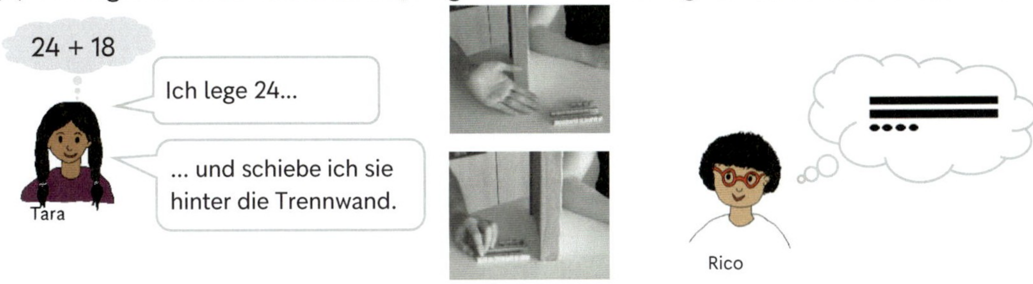

(3) Tara legt die 2. Zahl, zeigt sie Rico und schiebt sie auch hinter die Trennwand.
(4) Rico nennt die passende Aufgabe und rechnet.

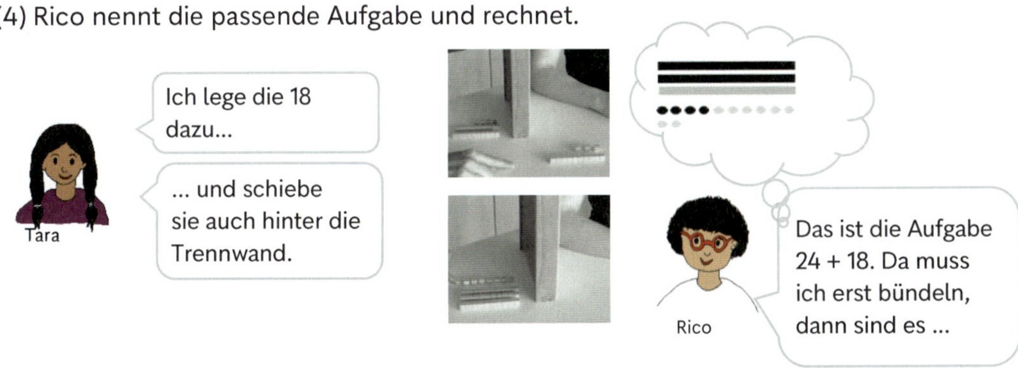

b) (1) Jetzt wählt Rico eine **Subtraktionsaufgabe**, aber verrät sie nicht.
(2) Er legt die 1. Zahl mit Material, zeigt sie Tara und legt sie hinter die Trennwand.

(3) Rico holt dann die 2. Zahl hinter der Trennwand hervor und zeigt sie Tara.
(4) Tara nennt die passende Aufgabe und rechnet.

2 Additions- und Subtraktions-Aufgaben am Zahlenstrahl

2.1 Hin und her auf dem Zahlenstrahl

a) Zeichnet die Aufgaben 26 + 10 und 36 – 10 am Zahlenstrahl. Was fällt euch auf? Erklärt.

b) Finde jeweils eine Additions-Aufgabe und zwei Subtraktions-Aufgaben und zeigt am Zahlenstrahl.

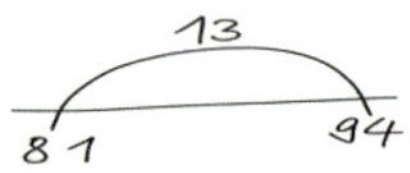

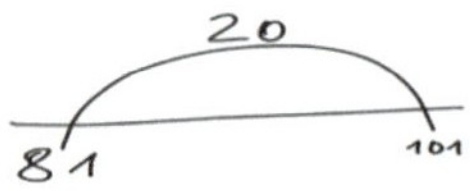

81 + ___ = ___	___ + ___ = ___	___ + ___ = ___
94 – ___ = ___	___ – ___ = ___	___ – ___ = ___
94 – ___ = ___	___ – ___ = ___	___ – ___ = ___

2.2 Zwei Rechenwege für eine Textaufgabe

a) Emily und Leonie lösen die Textaufgabe.
- Vergleicht die zwei Wege. Sind beide Wege richtig?
- Schreibt die Rechnungen dazu auf.

Textaufgabe:
In das Sammelalbum passen 400 Fußballbilder. Emily hat schon 360 Fußballbilder. Wie viele Bilder fehlen ihr noch?

Im Album sind 400 Felder für Bilder. Ich habe schon Bilder für 360 Felder. Wie viele leere Felder sind noch übrig?

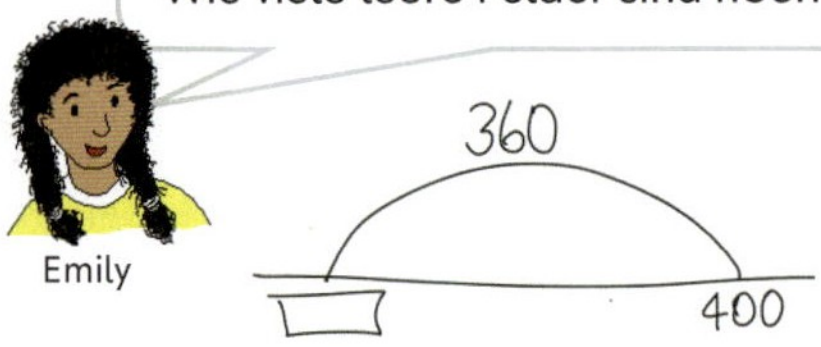

Ich habe schon 360 Bilder. Wie viele Bilder fehlen mir noch, bis ich 400 habe?

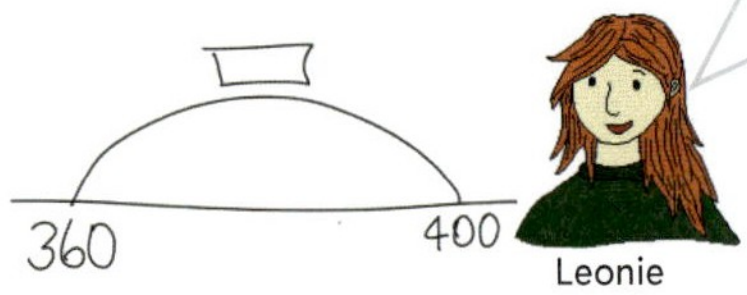

Emilys Rechnung: ____________ Leonies Rechnung: ____________

b) Zeichne zwei Rechenwege für die Textaufgabe:

Textaufgabe: In das Sammelalbum passen 90 Tierbilder. Dilara hat 8 Tierbilder. Wie viele Bilder fehlen ihr?

(1) Zeichne und nimm weg wie Emily. (2) Zeichne und ergänze wie Leonie.

Zahlenstrahl ____________ ____________

Rechnung: ______ Rechnung: ______

c) Besprecht und zeigt am Beispiel von Emily und Leonie: Wieso gehören beide Subtraktionen zusammen? Welche Addition würde auch passen?

3 Rechengeschichten zu Addition und Subtraktion

3.1 Rechengeschichten passend zuordnen

a) Bei welchen Geschichten kannst du rechnen? Verbinde.
Wieso passen die anderen nicht?

Auf dem Flohmarkt: Marie hat 50 Bücher. 18 Bücher verkauft sie.

Autorennen: Es sind 50 Zuschauer. Die Autos fahren 18 Runden.

50 + 18

50 – 18

Hier kann ich nicht rechnen!

Eisdiele: Es gibt 50 Gäste und 18 Eissorten.

Pause: In der Pause bleiben 50 Kinder in der Halle. 18 Kinder gehen hinaus.

3.2 Eine Situation – Verschiedene Additions- und Subtraktionsaufgaben

a) Beschreibe die Situation auf dem Flohmarkt.

Welche Frage und welche Aufgabe passen zusammen? Verbinde und erkläre.

Wie viel Geld hat Max übrig, wenn er die Kanne kauft?

20 – 8 = 12

20 + 8 = 28

22 – 20 = 2

Wie viel Geld braucht Max noch, damit er sich die Lampe kaufen kann?

b) Finde Fragen zu der Situation aus a), die zu diesen Aufgaben passen und rechne aus.

30 + 40 = ___ **20 – 13 = ___** **70 – 20 = ___**

3.3 Bekannte Zahlen, gesuchte Zahlen

Emily hat 35 Murmeln, davon verschenkt sie 15 und behält 20 Murmeln.

- Nenne eine Additions-Aufgabe, die zur Situation passt.
  Überlege genau: Welche Frage beantwortet man damit?
- Nenne zwei Subtraktions-Aufgaben, die zur Situation passen.
  Überlege genau: Welche Frage beantwortet man damit?

A Ich kann Multiplikations-Aufgaben zu Situationen finden und umgekehrt

1 Multiplikation und Würfelbilder

1.1 Punktegruppen auf Würfeln

a) Wie viele Punkte siehst du auf den Würfeln?
- Wie kannst du die Anzahl geschickt zählen?
- Welche Rechnung passt dazu?

b) Wie viele Punkte sind auf diesen fünf Würfeln?

Kenan zählt: Ein 3er, zwei 3er, drei 3er, vier 3er, fünf 3er

Kenan schreibt: *Fünf 3er, dazu passt die Mal-Aufgabe 5 · 3 = 15*

- Was meint Kenan mit dem Wort „3er“?
- Wieso zählt Kenan nicht die einzelnen Punkte, sondern immer 3 Punkte in einer Gruppe?
- Wieso passt die Multiplikations-Aufgabe 5 · 3 = 15 dazu?

c) Zähle wie Kenan in Gruppen und schreibe die Multiplikations-Aufgabe dazu.

(1)

So beschreibst du Gruppen:

Ich sehe drei Würfel,
jeder hat 6 Punkte.
Das sind drei 6er-Würfel.

Multiplikations-Aufgabe: ______

(2)

Ich sehe ______

______

______

Multiplikations-Aufgabe: ______

(3)

Ich sehe ______

______

______

Multiplikations-Aufgabe: ______

d) Zeichnet ebenso Würfelbilder und schreibt die Multiplikations-Aufgabe dazu ins Heft. Begründet, warum diese Aufgaben zu den Bildern passen.

1.2 Gruppen beim Würfelspiel

a) Spielt zu dritt, schreibt eure Spiele in die Tabelle.

	Name der 3 Kinder	Wie viele Würfel zeigen gleich viele Punkte?	Ein Würfel zeigt einen ...	Alle Würfel zusammen zeigen...	Aufgabe	Punkte	Wer gewinnt?
Beispiel	*Lisa*	*drei*	*4er*	*drei 4er*	*3 · 4*	*12*	*Jonas*
Spiel 1							
Spiel 2							

b) Jonas holt sich 10 Würfel aus der Würfelkiste. Damit legt er lauter 3er.
Wie viele Punkte sind das zusammen?

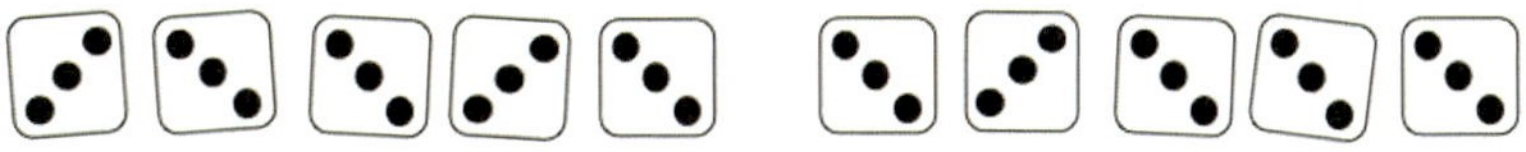

c) Kenan, Jonas und Emily haben die Punkte so bestimmt:

Kenan:

10 Dreier, das sind
3, 6, 9, 12, 15, 18, 21, 24, 27, 30

Emily:

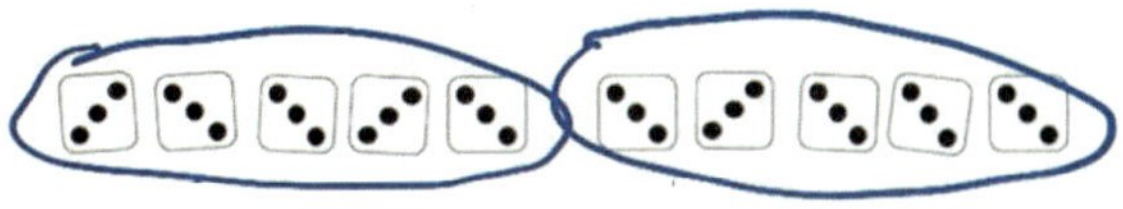

Zwei 15er, ich rechne 2 · 15 = 30

Jonas:

Zehn 3er, also 10 · 3 = 30

Beschreibt, wie die Kinder rechnen.
Was hat Kenan anders gemacht als Emily oder Jonas?

d) Jonas überlegt:

> Wenn ich zehn Würfel mit jeweils 5 Punkten lege, wie viele Punkte wären das dann insgesamt?

Jonas

- Wie rechnest du diese Aufgabe? Schreibe deinen Rechenweg auf.
- Wie würde Emily es beschreiben? Und wie Jonas?

1.3 Multiplikations-Aufgaben zu Würfelbildern finden und umgekehrt

a) Nehmt fünf Würfel und stellt euch gegenseitig Aufgaben, so wie Kenan und Emily.

Tara legt mehrere Würfel, die immer gleich viele Punkte zeigen.

Dann beschreibt Kenan die Punktegruppen und nennt die passende Multiplikations-Aufgabe.

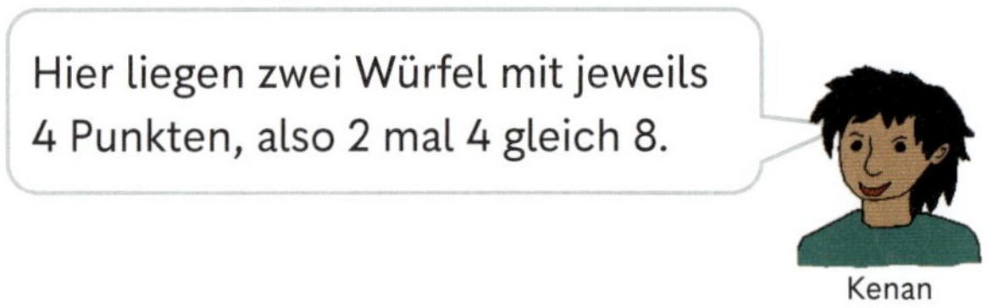

Wechselt euch ab.

b) Nun legt Kenan das passende Würfelbild und beschreibt es.

Danach nennt Tara die passende Multiplikations-Aufgabe.

Wechselt euch ab.

c) Wie viele verschiedene Multiplikations-Aufgaben kannst du mit zwei (drei, vier, fünf) Würfeln legen? Was fällt dir auf? Erkläre.

1.4 Multiplikation erklären

a) Welche Multiplikations-Aufgabe passt zu diesem Bild? Warum passt sie? Beschreibe, wie viele gleichgroße Gruppen du siehst.

b) Zeige das Erklärvideo einer anderen Person (z.B. aus deiner Familie). Spielt dann das Würfelspiel aus 1.2. Achtet dabei darauf, dass alle immer dazu sagen, in welchen Gruppen sie zählen und welche Multiplikations-Aufgabe dazu gehört.

mathe-sicher-koennen.dzlm.de/erklaervideos?nid=713

2 Multiplikation als Zählen in Gruppen

2.1 Gruppen zählen in der Umwelt

a) Wie viele Eier sind im Karton? Zeichne im Bild ein, wo Tara zwei 5er-Gruppen sieht.

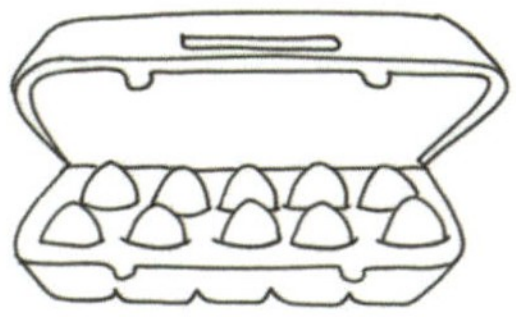

Ich sehe zwei 5er-Gruppen, also 2 mal 5 Eier im Karton.

b) Finde passende Multiplikations-Aufgaben zu den Bildern. Kreise die gleichgroßen Gruppen ein und beschreibe.

(1) Wie viele Stücke hat die Schokolade?

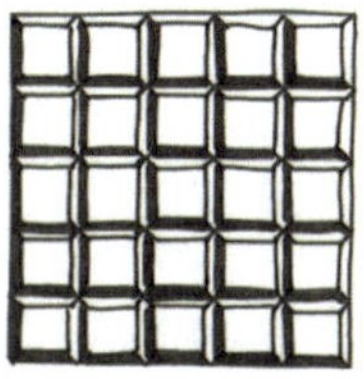

Fünf Reihen mit jeweils 5 Stücken.

Multiplikations-Aufgabe: ______

(2) Wie viele Gummibärchen sind es?

Drei ______

Multiplikations-Aufgabe: ______

(3) Wie viele Törtchen sind es?

______

Multiplikations-Aufgabe: ______

(4) Wie viele Teile hat das *fertige* Puzzle?

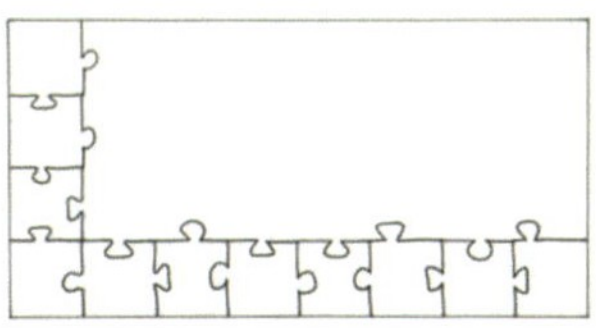

Multiplikations-Aufgabe: ______

(5) Wie viele kleine Fensterscheiben sind es?

Multiplikations-Aufgabe: ______

c) Erkläre, warum in **b)** die Aufgaben zu den Bildern passen. Dazu beantwortet vier Fragen: Sind es gleichgroße Gruppen? Wie groß sind die Gruppen? Wie viele Gruppen sind es? Welche Multiplikations-Aufgabe ist es?

Ich sehe Gruppen / Reihen, alle sind gleichgroß.

Das sind __er-Gruppen.

Insgesamt sehe ich __ von den __er-Gruppen.

Also passt die Aufgabe __ mal __

2.2 Bilder für Multiplikations-Aufgaben

a) Kenan, Emily, Jonas und Tara sollten zur Aufgabe **3 · 2** ein Bild malen.
- Welche Bilder passen zu der Aufgabe? Begründe, indem du Gruppen einzeichnest.
- Welche passen nicht? Warum nicht?

b) Zeichne für diese Aufgaben passende Bilder: (1) Drei 8er-Gruppen. (2) 6 · 2

2.3 Multiplikations-Aufgaben zu Punktebildern finden

Das ist ein Punktebild. Darin kannst du mehrere Multiplikations-Aufgaben finden, denn du kannst Gruppen verschieden bilden:

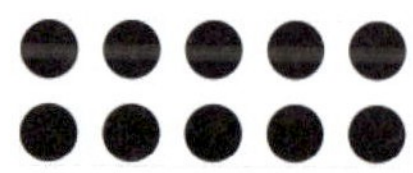

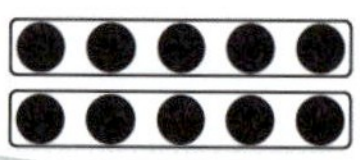

Ich sehe zwei Reihen mit jeweils 5 Punkten. Das sind zwei 5er-Reihen, also 2 mal 5.

Ich sehe 5 mal 2, denn es sind fünf 2er.

a) Finde zu dem Punktebild verschiedene Multiplikations-Aufgaben. Kreise so ein, dass man die Gruppen gut sehen kann.

Sechs Gruppen mit je 3 Punkten

Sechs 3er-Gruppen

Multiplikations-Aufgabe: ____________ Multiplikations-Aufgabe: ____________ Multiplikations-Aufgabe: ____________

*b) Findest du im gleichen Bild noch weitere Multiplikations-Aufgaben? Wie müssen dann die gleichgroßen Gruppen aussehen?

c) Schaut das Erklärvideo und erklärt euch gegenseitig: Wie wurden im Video mehrere Aufgaben zu einem Punktebild gefunden?

mathe-sicher-koennen.dzlm.de/erklaervideos?nid=685

2.4 Bilder zu Multiplikations-Aufgaben

a) Welche Aufgaben passen zu dem Punktebild? Kreist die passenden Aufgaben ein. Begründet, warum sie passen oder nicht passen.

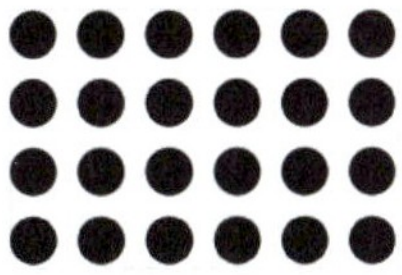

$4 + 6$ $4 + 4 + 4 + 4 + 4 + 4$ $6 \cdot 4$

$6 + 4$ $4 \cdot 6$ $6 + 6 + 6 + 6$

b) Welche Bilder passen zur Aufgabe **3 · 5**?
Kreist ein und erklärt, warum sie passen. Erklärt auch, warum einige Bilder nicht passen.

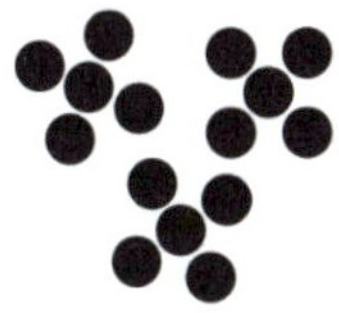

2.5 Multiplikations-Aufgaben zu Punktebildern finden

a) Legt zuerst ein Punktebild mit dem Malwinkel und dem Punktefeld.
Sucht gemeinsam möglichst viele passende Aufgaben. Wechselt euch ab.

b) Verschiebt den Malwinkel und findet verschiedene Punktebilder mit genau 20 Punkten.
Welche Multiplikations-Aufgaben passen jeweils? Vergleicht.

2.6 Punktebilder verändern

a) Stellt euch gegenseitig Aufgaben wie Emily und Jonas:

Emily legt ein Punktebild mit dem Malwinkel und dem Punktefeld.

Jonas nennt dann die Multiplikations-Aufgabe und das Ergebnis.

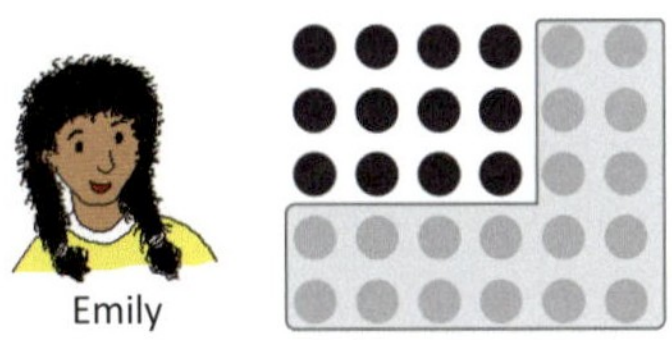

Emily verschiebt den Malwinkel nach oben/unten oder nach links/rechts **um genau eine Reihe.**

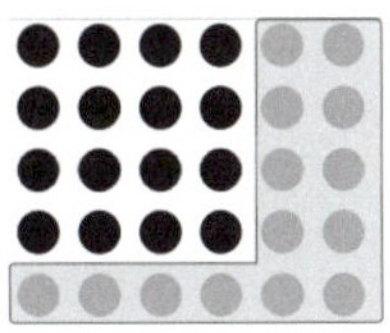

Jonas erklärt:

- Wie verändert sich die Aufgabe?
- Wie verändert sich das Ergebnis?
- Warum so?

b) Nutzt die digitalen Rechteckfelder und stellt euch gegenseitig Aufgaben.
Verändert die Rechteckfelder und erklärt, wie sich die Aufgaben verändern.

dzlm.de/vam/msk-rechteckfeld.html

3 Multiplikation am Zahlenstrahl

3.1 Bilder vergleichen

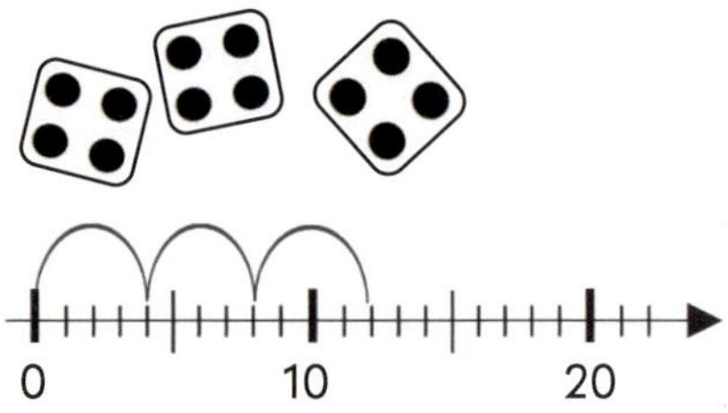

Erkläre, warum beide Bilder die Aufgabe **3 · 4** zeigen.
Wo siehst du die 4, wo siehst du „drei mal“?

3.2 Multiplikations-Aufgaben am Zahlenstrahl finden

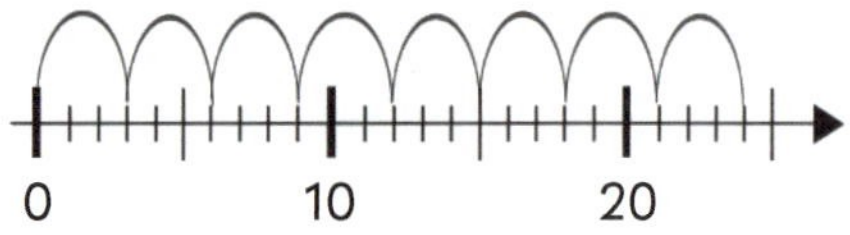

a) Welche Multiplikations-Aufgabe passt zu den Schritten auf dem Zahlenstrahl? __________

So kannst du das begründen:
Es sind acht Schritte, jeder Schritt hat die Länge 3.
Das sind _____ 3er-Schritte, darum passt die Aufgabe ________________.

b) Welche Aufgaben passen zu den Schritten auf dem Zahlenstrahl?

(1)
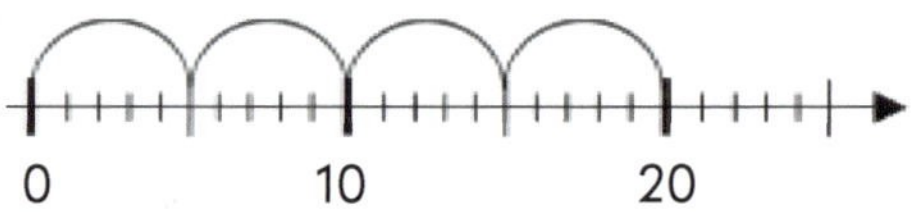

(2)
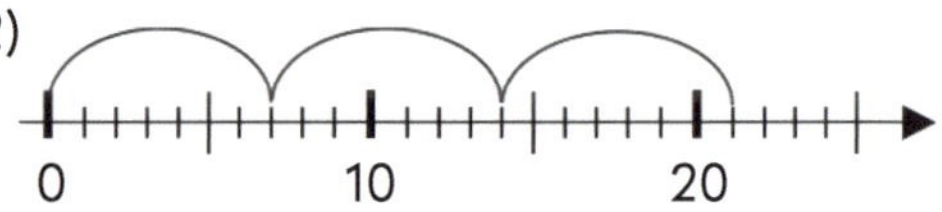

c) Begründet, warum die Aufgaben zu den Bildern passen.

3.3 Multiplikations-Aufgaben am Zahlenstrahl darstellen

a) Zeichne Schritte zur Aufgabe **4 · 10**.

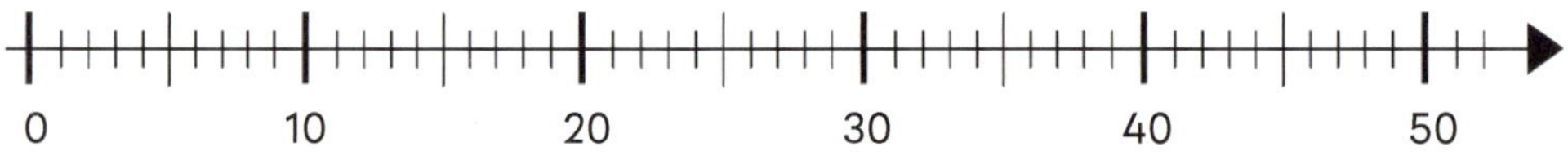

Warum passt dein Bild zur Aufgabe? Ergänze die Begründung:

Es sind _______ Schritte, jeder Schritt ________________________.

Das sind ___________ Schritte, darum ________________________.

b) Zeichne in diesen Zahlenstrahl passende Schritte zur Aufgabe **5 · 8**.

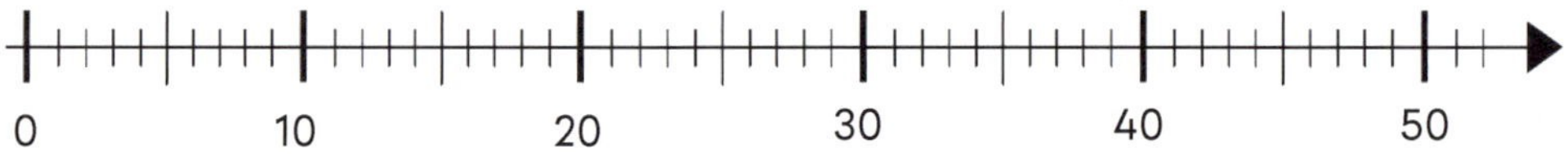

Warum passt dein Bild zur Aufgabe? Ergänze die Begründung:

Es sind ____

____

c) Nehmt euch die Zahlenstrahl-Karten und wechselt euch ab:

- Die erste Person schreibt eine Multiplikations-Aufgabe.
- Die zweite Person zeichnet passende Schritte in den Zahlenstrahl.

4 Multiplikation und Rechengeschichten

4.1 Gruppen unterschiedlich beschreiben

a) Die vier Kinder beschreiben das Bild alle unterschiedlich. Welche davon passen?
In welchem Zusammenhang habt ihr „pro“, „je“ und „jeweils“ schon mal gehört?
Was bedeuten die Ausdrücke?

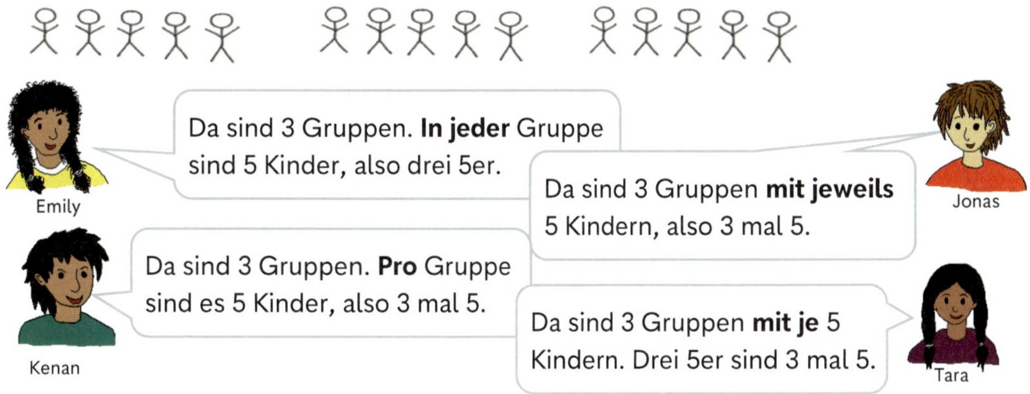

b) Wie würden Emily, Jonas, Tara und Kenan dieses Bild mit den Eierkartons beschreiben?

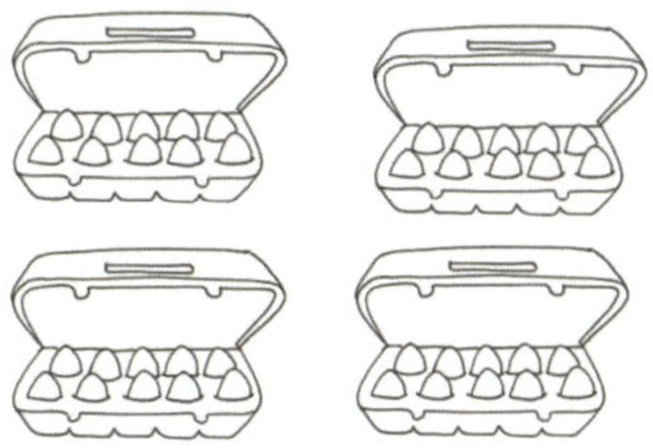

4.2 Multiplikations-Aufgaben und Bilder zu Rechengeschichten finden

Zeichne zu jeder Rechengeschichte ein passendes Bild ins Heft.
Schreibe dann die passende Multiplikations-Aufgabe dazu auf.

a) Eine Schokoladentafel hat 6 Reihen. In jeder Reihe sind 4 Stücke.
Wie viele Stücke sind es insgesamt?

b) Maurice packt 4 Bonbontüten. In jede Tüte packt er 10 Bonbons.
Wie viele Bonbons verpackt er insgesamt?

4.3 Rechengeschichten und Multiplikations-Aufgaben zu Bildern finden

Schreibe zu jedem Bild eine passende Rechengeschichte in dein Heft.
Schreibe auch eine Frage und eine passende Multiplikations-Aufgabe auf.

(1)

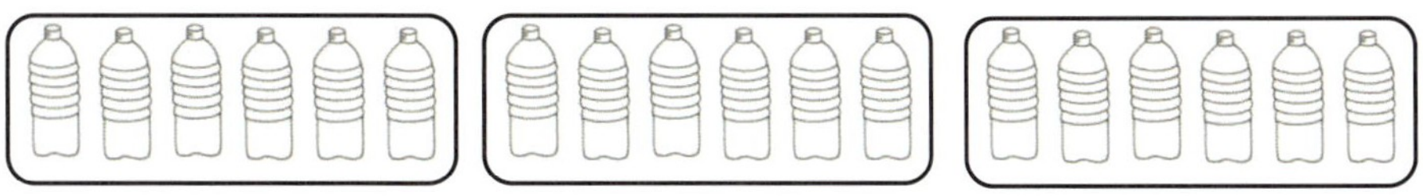

(2)

4.4 Rechengeschichten und Bilder zu Multiplikations-Aufgaben finden

a) Schreibe zu der Aufgabe **3 · 7** eine passende Rechengeschichte in dein Heft.
Schreibe auch eine Frage auf und zeichne ein passendes Bild.

b) Lest euch gegenseitig eure Rechengeschichten vor und vergleicht:
Welche Rechengeschichten passen zur Aufgabe **3 · 7**? Begründet.

c) Zeichnet beide zu der Aufgabe **4 · 6** ein passendes Bild.
Begründet mit Gruppen oder Schritten: Warum passen eure Bilder zur Aufgabe?

4.5 Passt die Rechengeschichte?

Zu der Aufgabe **6 · 5** hat Rico Rechengeschichten erfunden.

Ich habe 6 Bonbons und esse 5.

Jana kauft 6 Äpfel und 5 Bananen.

a) Passen Ricos Rechengeschichten zu der Aufgabe **6 · 5**?
Erklärt.

b) Erfinde eine Rechengeschichte, die zu der Multiplikations-Aufgabe **6 · 5** passt und schreibe sie auf.

c) Erfinde eine Rechengeschichte mit den Zahlen 6 und 5,
die **nicht** zu der Aufgabe **6 · 5** passt.

d) Tauscht eure Geschichten aus **b)** und **c)** miteinander.
Woran erkennt ihr, welche Geschichten passen und welche nicht?
Begründet, warum sie passen oder warum sie nicht passsen.

4.6 Mal oder kein Mal?

Lies die Rechengeschichten. Streiche die Geschichten durch, die nicht zur Multiplikation passen. Begründe deine Einschätzung.

Da sind 3 Gummibärchen in einem Päckchen und 5 Gummibärchen in einem anderen Päckchen. Es sind also drei 5er, deswegen passt die Aufgabe 3 mal 5.

3 Päckchen Gummibärchen liegen auf dem Tisch und 5 Päckchen Gummibärchen liegen in dem Regal. Es sind also drei 5er, deswegen passt die Aufgabe 3 mal 5.

Ich sehe 3 Päckchen Gummibärchen. In jedem Päckchen sind 5 Gummibärchen. Es sind also drei 5er, deswegen passt die Aufgabe 3 mal 5.

In einem Päckchen sind 5 Gummibärchen. Es sind insgesamt 3 Päckchen. Es sind also drei 5er, deswegen passt die Aufgabe 3 mal 5.

B Ich kann Divisions-Aufgaben zu Situationen finden und umgekehrt

1 Gerecht verteilen

1.1 Bonbons gerecht verteilen

a) Drei Kinder teilen sich 24 Bonbons.
Jedes Kind bekommt gleich viele.
Stelle die Situation mit Plättchen dar.
Wie viele Bonbons bekommt jedes Kind?

b) Vergleicht eure Lösungen zur Aufgabe a).
Schreibt eine passende Divisions-Aufgabe auf.

c) Schreibe die passende Divisions-Aufgabe auf und rechne sie aus.

(1) 25 Bonbons für 5 Kinder. Divisions-Aufgabe: ______________

(2) 30 Bonbons für 5 Kinder. Divisions-Aufgabe: ______________

(3) 60 Bonbons für 5 Kinder. Divisions-Aufgabe: ______________

Erklärt euer Vorgehen bei den Aufgaben.

1.2 Bonbons verteilen mit Rest

a) Können sich drei Freunde 25 Bonbons gerecht teilen?
Wie viele Bonbons bekommt jedes Kind?
Du kannst die Plättchen nutzen, um es zu zeigen.

b) Zu der Aufgabe a) passt die Divisions-Aufgabe **25 : 3**. Warum passt diese Aufgabe?
Wie kann man das Ergebnis aufschreiben?

c) Erfinde ebenso eine Geschichte, in der Bonbons verteilt werden und ein Rest übrigbleibt.
Finde dazu eine passende Divisions-Aufgabe und rechne sie aus.

d) Finde Divisions-Aufgaben, bei denen genau ein Bonbon übrigbleibt.

2 Divisions- und Multiplikations-Aufgaben zu Gruppen und Schritten

2.1 Divisions-Aufgaben mit Punktebildern darstellen

a) Emily, Maurice und Jonas teilen sich 12 Bonbons. Wie viele Bonbons bekommt jedes Kind? Zeichne. Welche Aufgabe passt dazu?

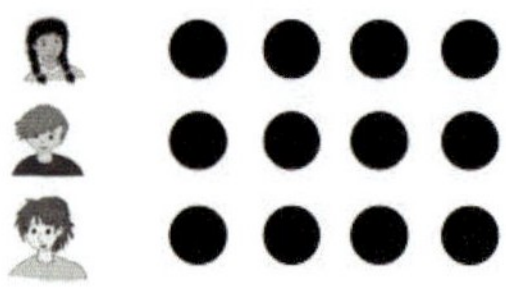

b) Emily löst die Aufgabe **a)** mit einem Punktebild. Erkläre Emilys Lösung.

c) Welche Divisions-Aufgabe passt zu Emilys Punktebild?

d) Wie sieht man im Punktebild gut, dass auch die Aufgabe **3 · 4 = ?** dazu passt?

- Was ist gleich, was ist anders?
- Wieso gehören Multiplikations- und Divisions-Aufgabe zum gleichen Bild?
- Wonach kann man mit der Multiplikation bei den Bonbons aus Aufgabenteil **a)** fragen?

2.2 Mal und Geteilt im Punktebild

Wie sieht das Punktebild aus, wenn sich drei Freunde 18 Bonbons teilen? Zeichne oder lege mit Plättchen.

Divisions-Aufgabe: ________

Passende Multiplikations-Aufgabe: ________

2.3 Gleichgroße Gruppen bilden

a) Zeichne in das Bild die Gruppen ein. Finde eine passende Divisions-Aufgabe.

(1) In jeder Gruppe sollen 2 Kinder sein. Wie viele Gruppen kann man bilden?

Divisions-Aufgabe: ________

(2) In jeder Gruppe sollen 4 Kinder sein. Wie viele Gruppen kann man bilden?

Divisions-Aufgabe: ________

b) Welche der folgenden Aufgaben passen zu den Bildern mit den Gruppen aus **a)**? Kreise ein. Begründe: Warum passen die anderen nicht?

20 : 4   *20 : 10*   *4 · 5*   *10 · 2*   *2 · 10*   *16 : 2*   *8 · 2*   *4 · 4*

c) *Sechs 4er-Gruppen, zusammen sind es 24.*

- Wonach fragt die Multiplikation, auf welche Frage ist das Ergebnis eine Antwort?
- Wie lautet eine passende Divisions-Aufgabe? Wonach fragt sie?
- Wie lautet die andere passende Divisions-Aufgabe? Wonach fragt sie?

2.4 Divisions-Aufgaben und Punktebilder

a) Wie sieht das passende Punktebild zu der Aufgabe **20 : 4 = 5** aus?
Zeichne oder lege mit Plättchen.

b) Denke dir eine Divisions-Aufgabe aus und schreibe sie ins Heft.
Zeichne ein passendes Punktebild dazu und zeichne die Gruppen ein.
Schreibe eine passende Geschichte ins Heft, in der Emily Bonbons verteilt.

c) Finde zu jedem Punktebild zwei Divisions-Aufgaben und eine Multiplikations-Aufgabe.

(1)

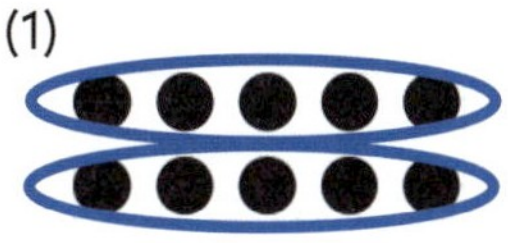

Divisionen:

(1) ______ (2) ______

Multiplikation:

____

(2)

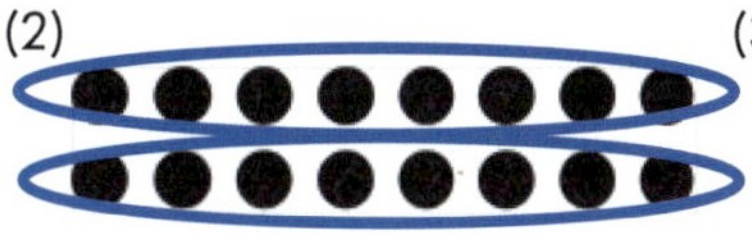

Divisionen:

(1) ______ (2) ______

Multiplikation:

____

(3)

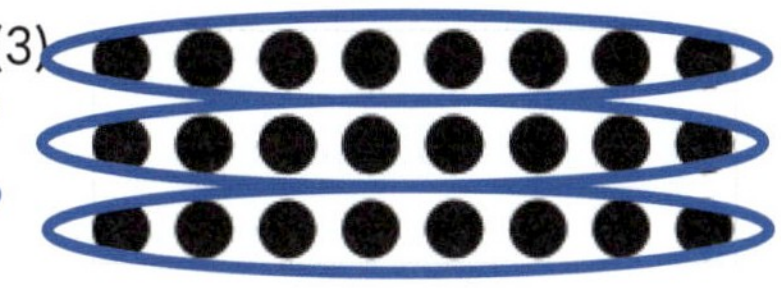

Divisionen:

(1) ______ (2) ______

Multiplikation:

____

d) Vergleiche die Aufgaben: Was ist in der Multiplikation bekannt und was wird gesucht? Was ist in der 1. Divisions-Aufgabe bekannt und was wird gesucht? Was ist in der 2. Divisions-Aufgabe bekannt und was wird gesucht?

2.5 Multiplikation und Division

Stellt euch gegenseitig Aufgaben, so wie Emily und Jonas:

- Emily legt mit dem Hunderter-Punktefeld und dem Malwinkel ein Punktebild.
- Joans zeigt, welche Gruppen er sieht, schreibt die passende Multiplikations-Aufgabe und zwei passende Divisions-Aufgaben auf.
- Dann erklären beide, was in den Aufgaben jeweils gesucht ist. Erklärt wie Emily und Jonas.

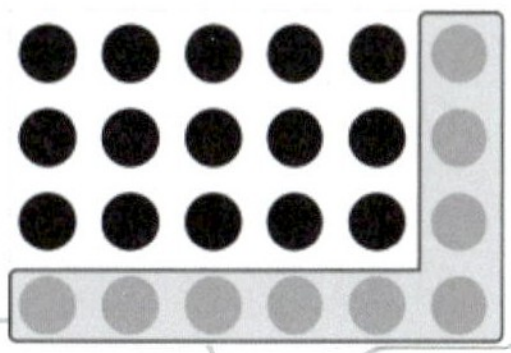

Ich sehe 15 : 5, insgesamt 15 Punkte in 5er-Reihen.
Ich frage: Wie viele 5er-Reihen kann ich legen mit 15 Punkten? Ich rechne: 15 : 5 = 3
Ich antworte: Es sind drei 5er-Reihen.

Ich sehe 3 · 5, drei 5er-Reihen.
Ich frage: Wie viele Punkte sind es insgesamt?
Ich rechne: 3 · 5 = 15
Ich antworte: Insgesamt sind es 15 Punkte.

2.6 Warum passt das Bild nicht?

a) Leonie und Kenan haben diese Bilder zu **8 : 4 = 2** gezeichnet. Warum passen sie nicht?

Leonie

Kenan

b) Schreibe Leonie und Kenan, worauf sie achten müssen.
Liebe Leonie, man soll in einem Bild nicht nur die Zahlen sehen, sondern ...
Lieber Kenan, du hattest vielleicht eine gute Idee, aber ...

2.7 Gruppen in Punktefeldern

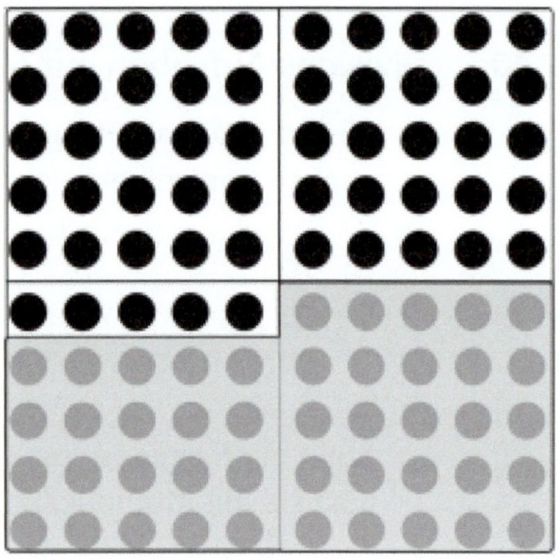

Das Punktefeld zeigt 55 Punkte.

a) Kreise immer 5 Punkte ein.
Wie viele 5er-Gruppen sind das?

b) Finde eine passende Divisions-Aufgabe zu dem Bild. Begründe, warum die Aufgabe passt.

c) Welche Aufgaben passen noch zu dem Bild mit den 5er-Gruppen? Warum?
Wonach wird in diesen Aufgaben gefragt?

2.8 Wonach wird gefragt?

a) Zeige mit dem Punktefeld 24 Punkte. Bilde Gruppen und finde passende Aufgaben.

(1) 24, davon immer 4 Punkte zusammen, also sechs 4er:	(2) 24 in drei 8er-Gruppen:	(3) 24 in zwölf 2er-Gruppen:
Divisions-Aufgabe: ______	Divisions-Aufgabe: ______	Divisions-Aufgabe: ______
Divisions-Aufgabe: ______	Divisions-Aufgabe: ______	Divisions-Aufgabe: ______
Multiplikations-Aufgabe: ______	Multiplikations-Aufgabe: ______	Multiplikations-Aufgabe: ______

b) Wie kann man bei der Zahl 24 noch andere Gruppen bilden?
- Schreibt die passenden Divisions- und Multiplikations-Aufgaben ins Heft.
- Erklärt, warum sie passen.
- Wonach wird bei den Aufgaben jeweils gesucht?

c) Schaue mit anderen Personen (z.B. mit Eltern) das Erklärvideo.
Erstellt zusammen ein Plakat mit einem Beispiel und einer Erklärung, wie man zu einem Bild drei Aufgaben findet.

mathe-sicher-koennen.dzlm.de/erklaervideos?nid=714

2.9 Divisions-Aufgaben auf dem Punktefeld

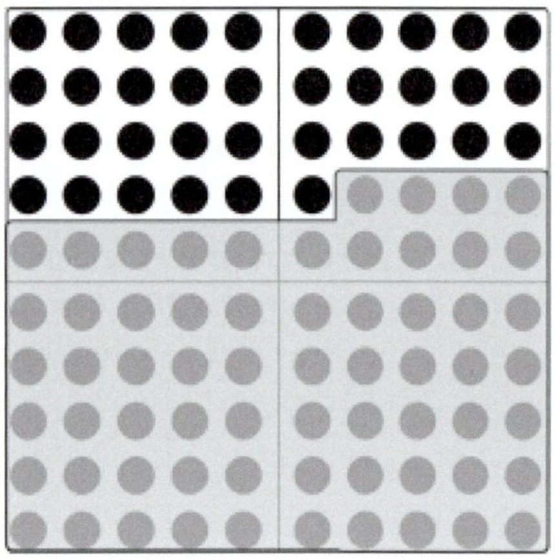

a) Emily will die Aufgabe ***36 : 6*** ausrechnen.
Sie hat die Zahl 36 mit dem Punktefeld dargestellt.
- Wie muss sie nun weiter vorgehen?
- Zeichne ein und erkläre.

b) Löst die Divisions-Aufgaben mit dem Punktefeld.
Wie helfen die ersten zwei Aufgaben für die dritte?
(1) 60 : 6 (2) 24 : 6 (3) 84 : 6

2.10 Divisions-Aufgaben mit Multiplikation lösen

a) Löse die Aufgaben zuerst im Kopf, indem du eine passende Multiplikations-Aufgabe suchst. Kontrolliere dann mit dem Punktefeld und dem Malwinkel.

(1) 70 : 7	(2) 24 : 2	(3) 18 : 9
35 : 7	24 : 4	45 : 9
28 : 7	24 : 8	54 : 9

b) Stellt euch gegenseitig Divisions-Aufgaben zu den Zahlen 36 und 60 und 100. Löst sie mit Multiplikations-Aufgaben. Kontrolliert mit dem Punktefeld.

*2.11 Tüten packen mit Rest

a) Finde eine passende Divisions-Aufgabe.

(1) Immer 5 in eine Tüte.
Wie viele Tüten?

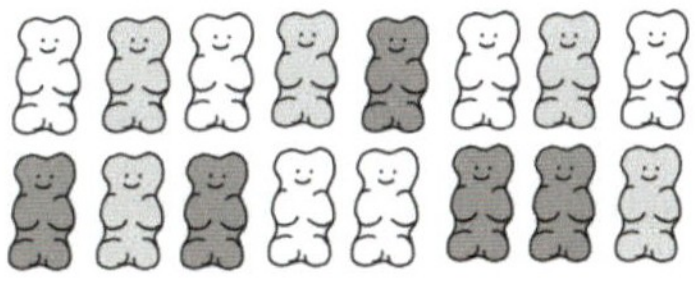

Divisions-Aufgabe: ____________

(2) Immer 3 in eine Tüte.
Wie viele Tüten?

Divisions-Aufgabe: ____________

b) Begründet, warum die Aufgaben zu den Bildern passen.
Wie schreibt man das Ergebnis auf?

c) Zu welchem Bild passt **3 · 5 + 1**? Warum?
Zu welchem Bild passt **20 : 6 = 3 Rest 2**? Warum? Welche Aufgaben passen noch?

d) Stellt euch gegenseitig Divisions-Aufgaben mit Rest.
Findet eine Multiplikations-Aufgabe dazu, so wie in **c)**.

2.12 Schritte auf dem Zahlenstrahl

a) Zeichne Fünferschritte in den Zahlenstrahl, bis du bei 20 ankommst.
Wie viele Schritte passen in die 20?

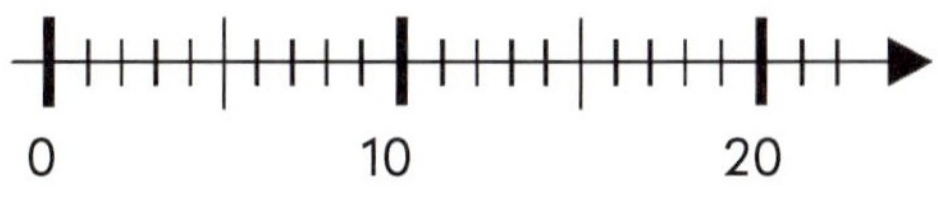

b) Zu dem Bild passen die Aufgaben **20 : 5** und **4 · 5**.
- Warum passen die Aufgaben?
- Welche Divisions-Aufgabe passt auch noch?
  Wie lautet dann die Frage?

***c)** Wie kannst du mit Schritten am Zahlenstrahl die Aufgabe **20 : 6 = 3 Rest 2** zeichnen?

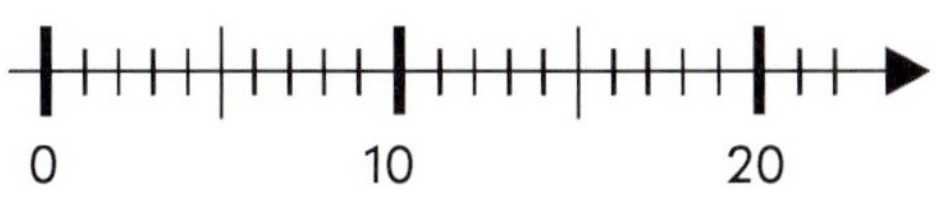

2.13 Aufgaben zu Bildern am Zahlenstrahl finden

Schreibe immer eine Multiplikations-Aufgabe und zwei passende Divisions-Aufgaben auf.

	Multiplikation:	Division:	Division:
a) 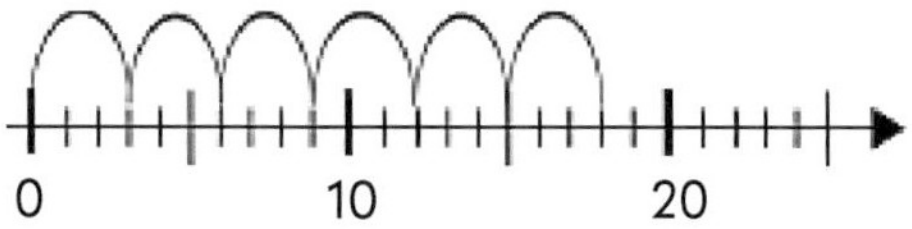			
b) 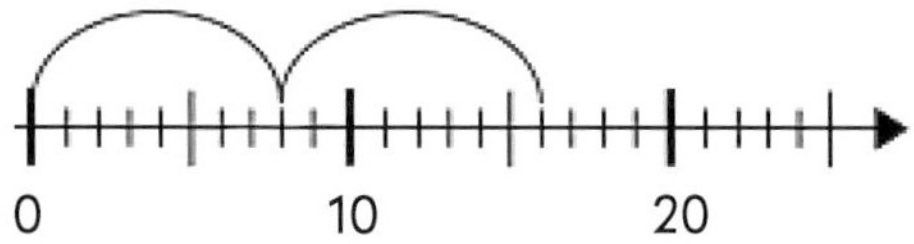			
c) 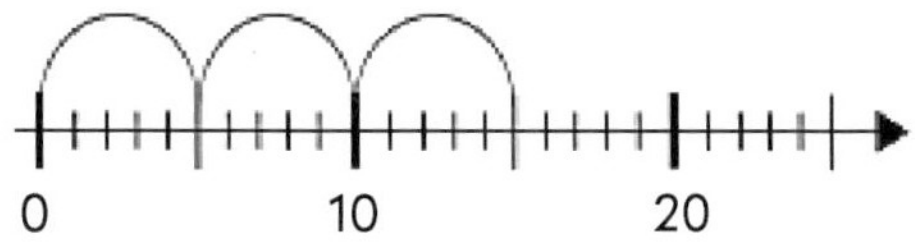			

2.14 Division am Zahlenstrahl darstellen

a) Zeichne in diesen Zahlenstrahl passende Schritte für die Aufgabe ***50 : 10***.
Wie lautet die Frage, die zu dieser Aufgabe gehört?

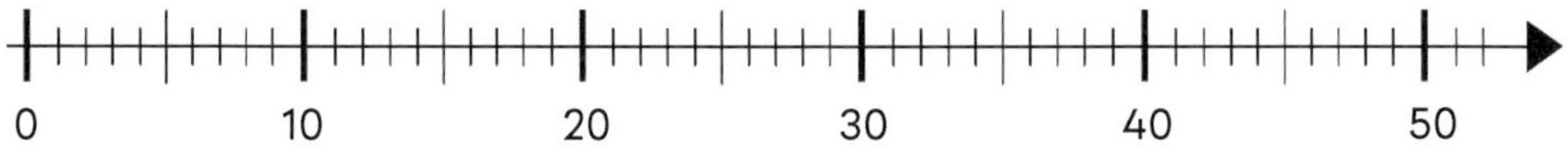

b) Zeichne in diesen Zahlenstrahl passende Schritte zur Aufgabe **35 : 7**.
Welche weiteren Aufgaben passen zu dem Bild?

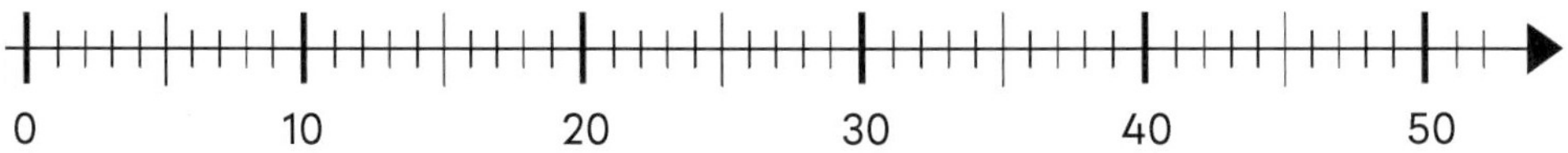

c) Finde auch jeweils eine passende Multiplikations-Aufgabe zu a) und b).

d) Nehmt die Zahlenstrahl-Karten.
- Die erste Person schreibt eine Divisions-Aufgabe auf.
- Die zweite Person zeichnet passende Schritte in den Zahlenstrahl. Wechselt euch ab.

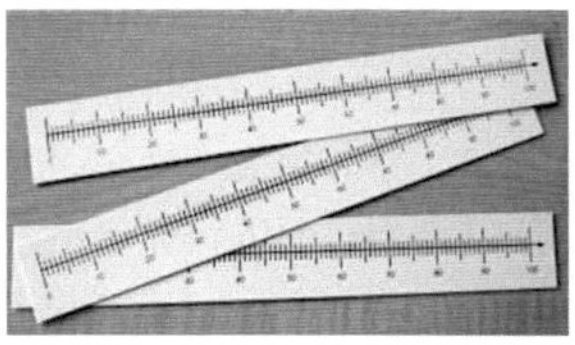

*e) Zeichne **4 · 5 + 3 = 23** und **23 : 5 = 4 *Rest* 3**.

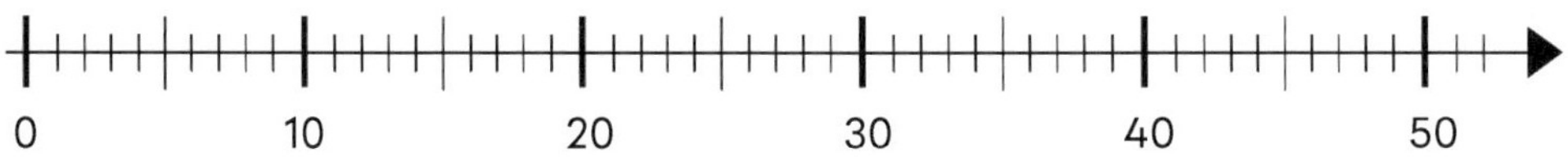

3 Rechengeschichten zu Multiplikation und Division

3.1 Passt die Rechengeschichte?

Zu der Aufgabe **48 : 6** hat Rico eine Rechengeschichte erfunden.

Es sind 48 Menschen im Zug. 6 davon sind Kinder.

Rico

a) Passt Ricos Rechengeschichte zu der Aufgabe **48 : 6**? Begründet.

b) Erfinde eine eigene Rechengeschichte, die zu der Aufgabe **48 : 6** passt.

c) Erfinde eine eigene Rechengeschichte mit den Zahlen 48 und 6, die **nicht** zu der Aufgabe **48 : 6** passt.

d) Tauscht eure Geschichten aus b) und c) miteinander.
Erkennt ihr gegenseitig, welche der Geschichten passen und welche nicht? Woran?

3.2 Divisions-Aufgaben und Bilder zu Rechengeschichten finden

a) Kenan hat eine Rechengeschichte geschrieben.
- Zeichne dazu ein passendes Bild.
- Schreibe die passende Divisions-Aufgabe auf.

20 Bonbons sollen verpackt werden.
Es passen immer 4 in eine Tüte.
Frage: Wie viele 4er-Tüten braucht man?

b) Zu deinem Bild aus a) passt auch eine andere Rechengeschichte.
- Welche Frage kannst du stellen?
- Welche Aufgabe passt dann dazu?

20 Bonbons sollen in 5 Tüten verpackt werden.
Frage:

c) Passt zu deinem Bild aus a) auch die Aufgabe **5 · 4** = __ ?
- Schreibe eine passende Rechengeschichte.
- Wie muss die Frage lauten?

d) Man kann also zu dem Bild „Fünf 4er Tüten sind zusammen 20.“ drei verschiedene Rechengeschichten schreiben.
- Was ist gleich?
- Was ist verschieden?
- Welche drei Fragen kannst du stellen?

3.3 Rechengeschichten und Aufgaben zu Bildern finden

a) Schreibe zu jeder Situation drei Aufgaben und eine andere Frage für die Rechengeschichte:

(1) Situation: Jonas geht in den Keller und holt Flaschen.

Drei Aufgaben: Drei Fragen:

2 · 6 = ? *Wie viele Flaschen hat er insgesamt aus dem Keller geholt?*

12 : 2 = ? ______________________________

____

12 : 6 = ? ______________________________

____

(2) Situation Drei Aufgaben: Drei Rechengeschichten mit Fragen:

________ ______________________________

____

________ ______________________________

____

________ ______________________________

____

3.4 Rechengeschichten und Bilder zu Divisions-Aufgaben finden

a) Schreibe zu jeder Aufgabe jeweils eine passende Rechengeschichte in dein Heft.
Schreibe auch eine Frage auf und zeichne ein passendes Bild.
Finde dann eine oder zwei weitere Rechengeschichten zum selben Bild.

(1) 15 : 3 (2) 27 : 5

b) Tauscht eure Rechengeschichten aus.

- Welche Rechengeschichten passen gut zu den Aufgaben? Begründet.
- Warum passen die anderen nicht? Begründet.

Ich kann sicher addieren und subtrahieren und meine Rechenwege erklären

1 Rechnen auf mehreren Wegen – schrittweise und stellenweise

1.1 Schrittweise addieren

a) Tara zeichnet die Aufgabe 62 + 34 am Rechenstrich ungefähr und notiert die Schritte. Wieso ist es nicht schlimm, dass die Abstände nicht genau sind?

Ich springe erst drei Zehner und dann vier Einer vor.

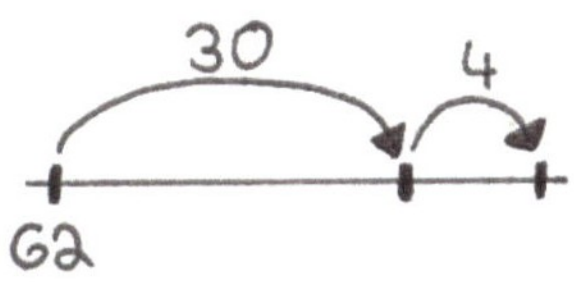

62 + 34 = ____

62 + 30 = ____

92 + ____ = ____

(1) Ergänzt die Zahlen unten am Rechenstrich und rechnet aus.

(2) Markiert mit Farben, was in dem Bild und in der Rechnung gleich ist. Erklärt Taras Rechenweg: Wozu zerlegt sie die Zahl 34?

b) Wie rechnet Tim die Aufgabe 62 + 34? Notiere seine Rechenschritte. Was macht er anders als Tara? Schreibe seine Idee in die Sprechblase.

Ich starte bei 62 und muss 34 weiter springen. Erst springe ich ...

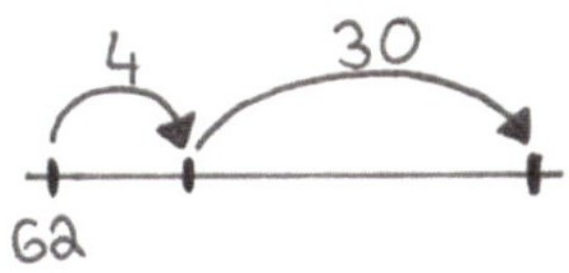

62 + 34 = ____

____ + ____ = ____

____ + ____ = ____

c) Zeichne und rechne die Aufgabe 368 + 79 auf zwei Wegen:

(1) Zeichne und rechne so wie Tara.

368 + 79 = ____

____

368 + 79 = ____

(2) Zeichne und rechne so wie Tim.

____

d) Finde die passenden Additions-Aufgaben zu den Bildern am Rechenstrich. Rechne aus und notiere die Rechenschritte.

(1)

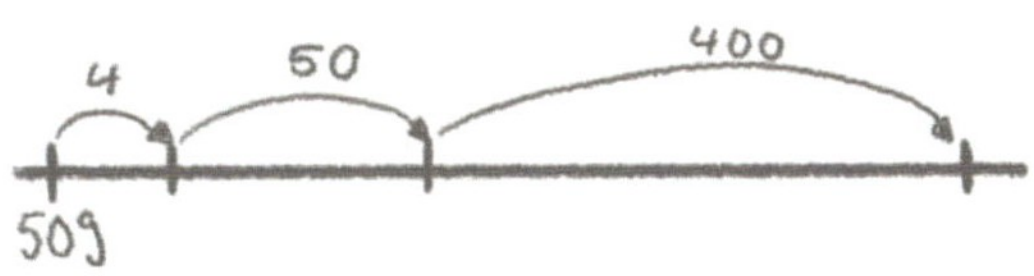

____ + ____ = ____

(2)

____ + ____ = ____

1.2 Schrittweise subtrahieren

a) Tara rechnet die Aufgabe 61 – 24 am Rechenstrich. Wie zerlegt sie die Zahl 24?
Rechne weiter aus. Erklärt Taras Rechenschritte mit ihrem Bild.

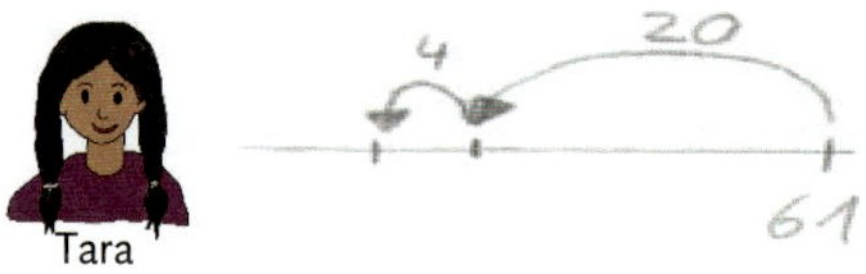

61 - 24 =

61 - 20 = 41

41 - ___ = ___

b) Wie rechnet Tim die Aufgabe 61 – 24, und wie schreibt er sie auf?
Was macht er anders als Tara? Schreibe seine Idee in die Sprechblase.

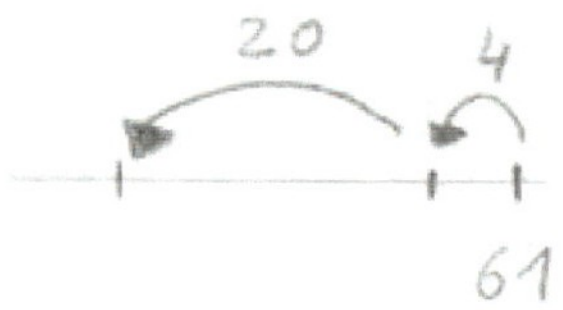

61 - 24 =

61 - 4 =

41 - 20 =

c) Gehe vor wie Tara und wie Tim. Zeichnet ins Heft: (1) 143 – 35 (2) 342 – 67
Erkläre, warum das Ergebnis bei beiden Rechenwegen gleich ist.

1.3 Schrittweise addieren und subtrahieren: Vor und zurück

a) Immer zwei Aufgaben passen zu jedem Bild.

- Erkläre, wie die Additions-Aufgaben und die Subtraktions-Aufgaben zu dem Bild passen.
- Notiere die Rechnungen und die fehlenden Zahlen an den Bildern.

Additions-Aufgabe	Bild	Subtraktions-Aufgabe
(1) 647 + 287 = 934 647 + 7 = 654 654 + 80 = 734 734 + 200 = 934	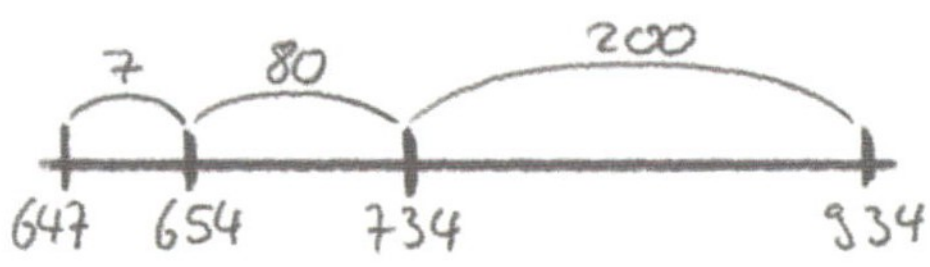 	934 - 287 =
(2) 37 + 129 = 166 37 + 9 = 46 46 + 20 = 66 66 + 100 = 166	 	- =
(3) + =	 	- =

b) Stellt euch gegenseitig Aufgaben. Zeichnet dann passende Bilder dazu.

1.4 Stellenweise addieren mit Bündeln

a) Dilara rechnet die Aufgabe 37 + 24. Sie zeichnet, wie sie die Aufgabe mit Material legen kann und schreibt ihre Rechenschritte daneben.

37 + 24 =

30 + 20 = ___

___ + ___ = ___

- Erklärt Dilaras Rechenschritte mit Bild oder Material und ergänzt ihre Rechnung.
- Dilara zerlegt nicht nur die zweite Zahl, sondern auch die erste.
  Erklärt mit dem Bild, warum die Rechnung stimmt.

b) Welche Aufgabe wird hier gerechnet?
Erklärt die Rechenschritte mit dem Bild. Rechnet aus.

+ =

200 + ___ = ___

___ + ___ = ___

___ + ___ = ___

c) Rechnet die Aufgaben 62 + 56 und 123 + 118 und zeichnet sie mit Material wie Dilara.
Denkt euch auch selbst eine dritte und vierte Aufgabe aus, bei denen ihr erst bündeln müsst.
Erklärt jedes Mal mit dem Bild, warum ihr so zerlegen und bündeln könnt.

(1) Bild: 62 + 56 =

(2) Bild: 123 + 118 =

(3) Bild: + =

(4) Bild: + =

1.5 Stellenweise subtrahieren

a) Dilara rechnet die Aufgabe 46 – 32.
- Rechnet weiter aus.
- Erklärt mit dem Bild und mit der Rechnung, wie sie die Zahl 32 zerlegt.

46 – 32 =

40 – 30 = ____

____ – ____ = ____

b) Dilara und Leonie überlegen, wie sie mit den Zwischenergebnissen weiterrechnen müssen.

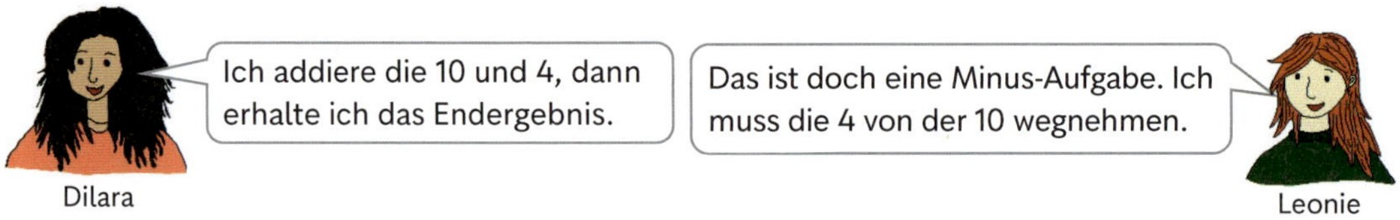

- Wer hat Recht? Warum?
- Erklärt mit dem Bild oben, wie man bei solchen Aufgaben entscheidet, ob man die Zwischenergebnisse hinzufügt oder wegnimmt.

c) Welche Aufgabe wird hier gerechnet?
Erklärt die Rechenschritte mit dem Bild. Notiert die Rechenschritte daneben.

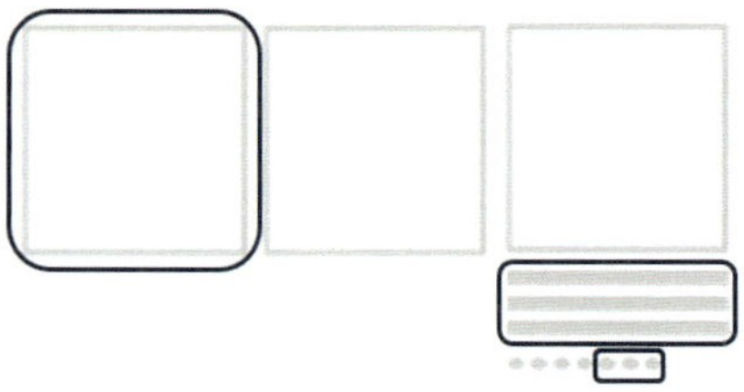

– =

____ – ____ = ____

____ – ____ = ____

____ – ____ = ____

1.6 Stellenweise subtrahieren mit Entbündeln

Tim rechnet die Aufgabe 52 – 16.

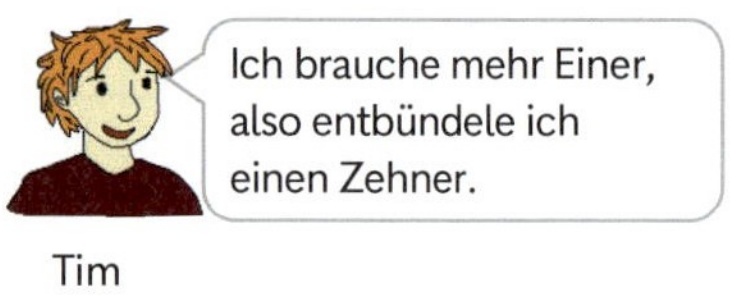

	52	–	16						
=	50	–	10	+	2	–	6		
=	40	–	10	+	12	–	6		
=	30	+	6						
=	36								

a) Was meint Tim? Erklärt mit dem Bild oder mit dem Würfelmaterial, was in seiner Rechnung passiert.

b) Zeichne und rechne die Aufgaben wie Tim in deinem Heft.

(1) 72 – 46
(2) 35 – 18
(3) 57 – 39
(4) 81 – 65
(5) 234 – 126
(6) 352 – 237

1.7 Stellenweise addieren und subtrahieren

a) Rechne aus. Was fällt dir auf? Markiere deine Entdeckungen mit verschiedenen Farben. Setze die Päckchen fort.

(1) 264 + 152 364 + 162 464 + 172 ___ + ___

(2) 466 - 254 477 - 265 488 - 276 ___ - ___

(3) 757 - 143 757 - 254 757 - 365 ___ - ___

b) Schreibe zu einem Päckchen aus **a)** deine Entdeckungen auf.
Kreuze an. Ich beschreibe meine Entdeckungen zu: ☐ (1) ☐ (2) ☐ (3)

c) Erfinde selbst solche Entdeckungspäckchen.
Schreibe jeweils nur die ersten zwei Aufgaben auf. Rechne sie aus.

(1) ___ + ___ = ___ ___ + ___ = ___ ___ + ___ = ___

(2) ___ – ___ = ___ ___ – ___ = ___ ___ + ___ = ___

d) Tauscht eure Entdeckungspäckchen untereinander.
Schreibt die passende dritte Aufgabe auf. Rechnet sie aus.

*2 Rechnen auf weiteren Wegen

2.1 Ergänzen

a) Maurice löst die Aufgabe 94 – 78 am Rechenstrich durch Ergänzen.
Rechnet weiter aus.

Maurice

Ich starte bei 78. Erst ergänze ich von 78 bis 80. Dann ergänze ich noch bis 94.

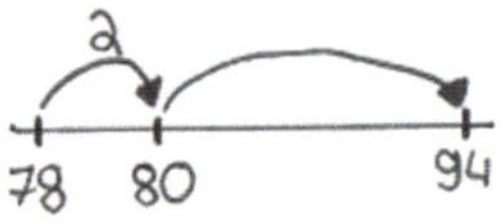

94 – 78 =

78 + 2 = 80

80 + =

Erklärt den Rechenweg von Maurice:

- Warum addiert Maurice, obwohl er subtrahieren soll? Warum ergänzt er erst bis 80?
- Wie viel ergänzt Maurice insgesamt? Zeigt am Bild.
- Wo im Bild seht ihr das Ergebnis der Rechnung?

b) Löse die Aufgabe 163 – 146 wie Maurice. Zeichne im Heft und rechne aus.

c)
- Kreuzt Aufgaben an, die sich leicht durch Ergänzen lösen lassen.
  Zeichnet ein Bild ins Heft und erklärt, warum ihr diese Aufgaben ausgewählt habt.
- Wie rechnet ihr die anderen Aufgaben? Notiert eure weiteren Rechenwege im Heft.

☐ 1002 – 998 ☐ 467 – 399

☐ 1012 – 754 ☐ 834 – 576

☐ 653 – 644

2.2 Vereinfachen

Kenan verändert die Aufgabe 94 – 78.

- Wie verändert er die Aufgabe 94 – 78?
- Warum hat die veränderte Aufgabe das gleiche Ergebnis?
- Verändert 723 – 198 genauso wie Kenan und rechnet mit der vereinfachten Aufgabe.
- Geht das immer?

94 – 78 =

96 – 80 =

Einfacher finde ich die Aufgabe 96 – 80.

Kenan

2.3 Rechenkonferenz

a)
- Jetzt hast du viele Rechenwege kennengelernt.
  Nutze verschiedene Rechenwege, um diese Aufgaben zu lösen.
- Notiere und zeichne die Rechenwege auf Karten.

(1) 224 – 98
(2) 471 – 468
(3) 615 – 595

b) Trefft euch zu viert in Rechenkonferenzen und stellt euch eure Rechenwege vor.
- Welche verschiedenen Wege habt ihr gefunden?
- Warum führen die Wege zum richtigen Ergebnis?
- Welchen Rechenweg findet ihr für die Aufgabe jeweils am besten? Warum?

A Ich kann sicher mit Vielfachen von 10 multiplizieren und dividieren

1 Multiplizieren mit 10 verstehen

Dilara

1.1 Zehnmal so viel

Dilara legt Würfelmaterial. Lege Material vor dich auf den Tisch.
Dann verzehnfache, so dass du immer genau *zehnmal* so viel hast wie Dilara.

a) (1) ●● (2) ●●●

b) (1)  (2) 

c) 

1.2 Verzehnfachen mit Material, Stellentafel und Schritte am Zahlenstrahl

a) Erklärt mit dem Material und mit der Stellentafel: **4 · 10 = 40**

Material: ●●●● · 10

Stellentafel: · 10

T	H	Z	E
			4

b) Erklärt die Sätze von Dilara und Maurice.

Dilara

Wenn ich verzehnfache, werden aus 4 Einer-Würfeln dann 4 Zehner-Stangen.

Dann wird die 4 aus der Einerspalte in die Zehnerspalte verschoben.

Maurice

c) Kenan zeichnet zwei Zahlenstrahle untereinander.
- Zu welchen Aufgaben gehören die Bilder?
- Was steht bei dem Fragezeichen? Warum?
- Was würde Kenan sagen?
  Bilde Sätze wie Dilara und Maurice.

· 10
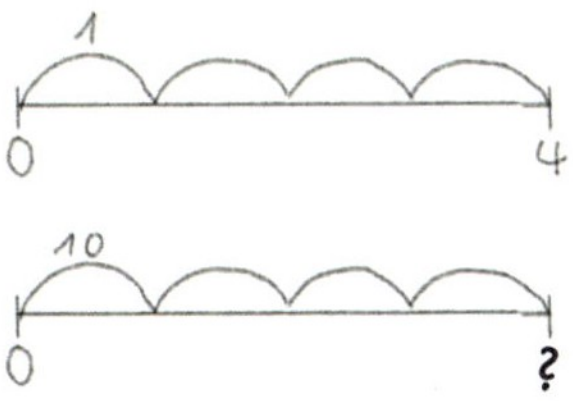

Kenan

d) Erkläre mit dem Material, der Stellentafel und mit Schritten am Zahlenstrahl: **6 · 10 = 60**

Aus 6 Einern werden ...

Material: ●●●●● ● · 10

Stellentafel: · 10

T	H	Z	E
			6

Zahlenstrahl: · 10

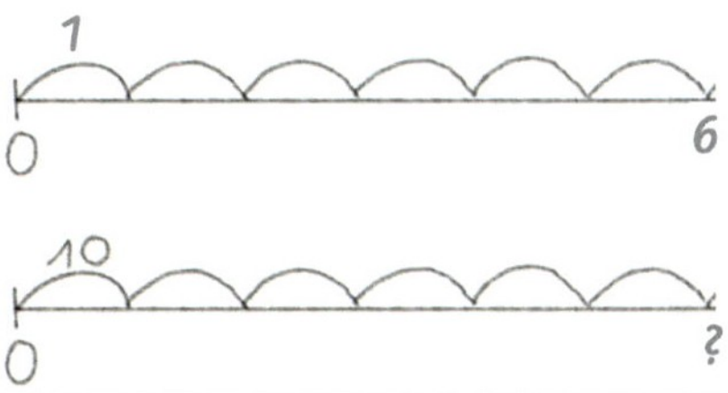

1.3 Verzehnfachen auf mehreren Wegen

a) Erkläre mit dem Material, der Stellentafel und mit Schritten am Zahlenstrahl: **30 · 10 =** ____

> 30 sind drei Zehner, wenn ich die verzehnfache, werden daraus …

Material:

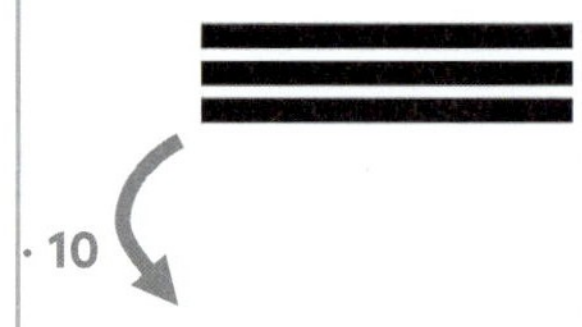

Stellentafel:

· 10

T	H	Z	E
		3	0

Zahlenstrahl:

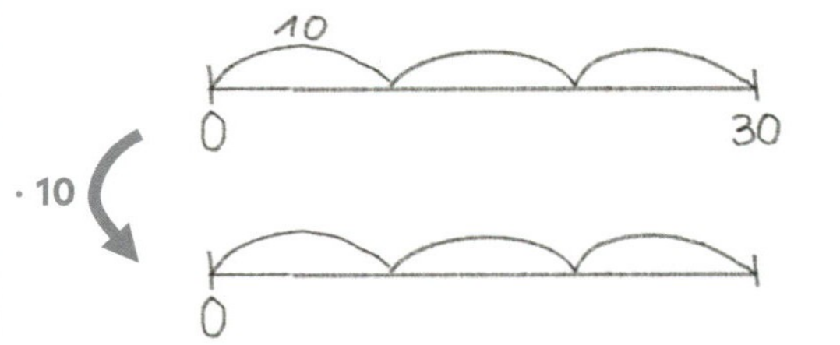

b) Erkläre mit dem Material, der Stellentafel und mit Schritten am Zahlenstrahl: **200 · 10 =** ____

> 200 sind zwei Hunderter, wenn ich die verzehnfache, werden daraus…

Material:

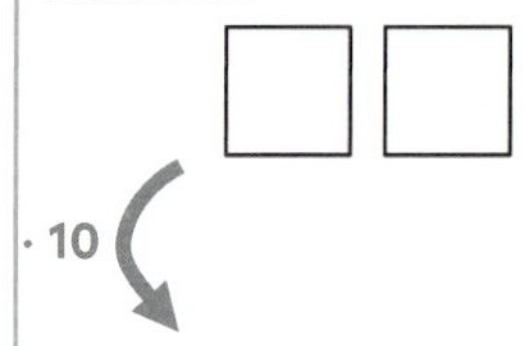

Stellentafel:

· 10

T	H	Z	E
	2	0	0

Zahlenstrahl:

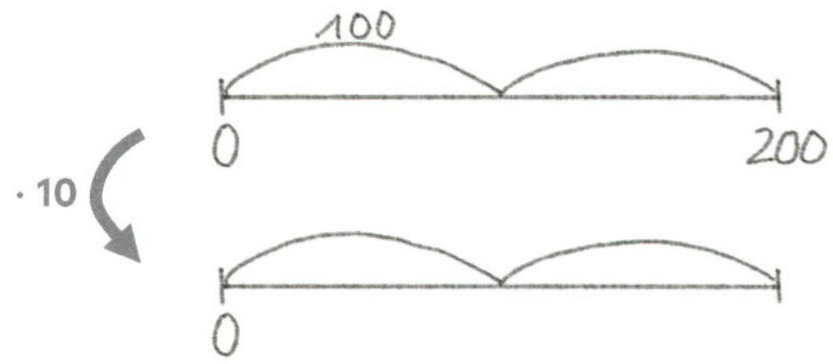

c) Vergleicht eure Erklärungen. Wie würden Dilara, Maurice und Kenan in Aufgabe **1.2** erklären?

1.4 Mit 10 multiplizieren auf verschiedenen Wegen

a) Dilara, Maurice und Jonas rechnen die Aufgabe **123 · 10**.
Erkläre, wie die Kinder vorgehen.
Wie findest du die Rechnung von Jonas bei Dilara wieder, wie bei Maurice?

Dilaras Material:

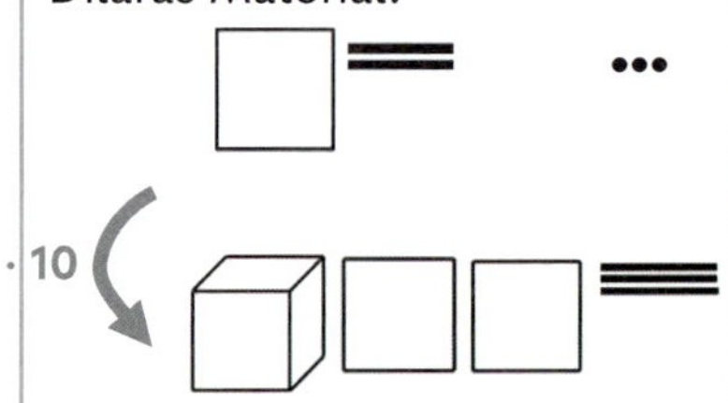

Maurices Stellentafel:

· 10

T	H	Z	E
	1	2	3
1	2	3	0

Jonas' Rechnung:

	100 · 10		1000
+	20 · 10	+	200
+	3 · 10	+	30
	123 · 10	=	1 230

b) Löse die vier Aufgaben wie Maurice, Dilara oder Jonas. Erkläre die Rechenwege.

(1) 35 · 10 (2) 137 · 10
(3) 213 · 10 (4) 243 · 10

2 Dividieren durch 10 verstehen

2.1 Mal 10 und geteilt durch 10

a) Finde heraus, welche Zahlen hier mal 10 gerechnet wurden.
Du kannst das Material, den Zahlenstrahl oder die Stellentafel zu Hilfe nehmen.

(1) ___ · 10 → 50 (2) ___ · 10 → 200 (3) ___ · 10 → 3000 (4) ___ · 10 → 1000

b) Erkläre mit dem Material, der Stellentafel und dem Zahlenstrahl: **70 : 10 = ?**

Material:

Stellentafel:

T	H	Z	E
		7	0

: 10

Zahlenstrahl:

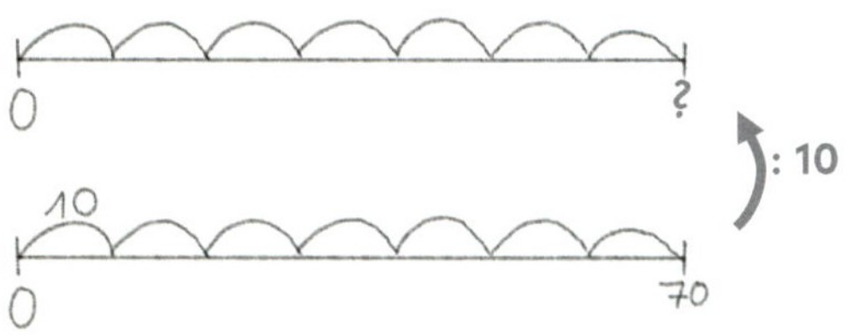

c)

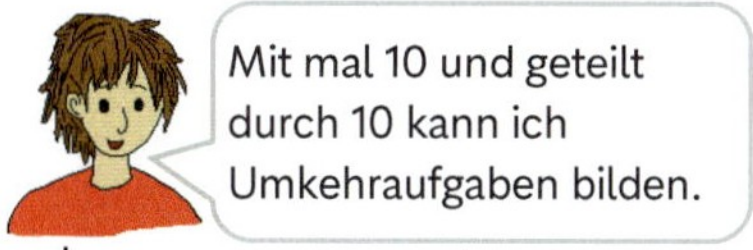

Jonas

7 · 10 = 70
70 : 10 = 7

· 10 (7 → 70) : 10

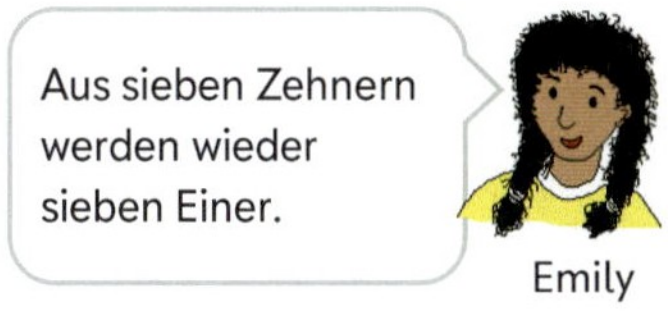

Emily

Was meinen Jonas und Emily?
Erklärt, wie *mal 10* und *geteilt durch 10* zusammenhängen.

d) Schreibe die fehlenden Zahlen auf die Striche und
schreibe die Multiplikations- und Divisions-Aufgabe dazu, so wie Jonas in **c)**.
Erkläre mit Bildern, warum die Aufgaben zusammenpassen
und warum sich die Ziffern in der Stellentafel so verschieben.

(1) 20 · 10 → ___ : 10
(2) ___ · 10 → 500 : 10
(3) ___ · 10 → 3700 : 10
(4) 123 · 10 → ___ : 10

e) Rechne die Aufgaben aus. Erkläre, wie du rechnest.
Zeichne zur Aufgabe (3) ein Bild ins Heft.

(1) 600 : 10 (2) 3 500 : 10 (3) 420 : 10

3 Mit 100 und 1 000 multiplizieren und dividieren

3.1 Verhundertfachen mit Material, Stellentafel und Schritten am Zahlenstrahl

a) Erkläre mit Material, mit der Stellentafel und mit dem Zahlenstrahl:

30 · 100 = ______

3000 : 100 = ______

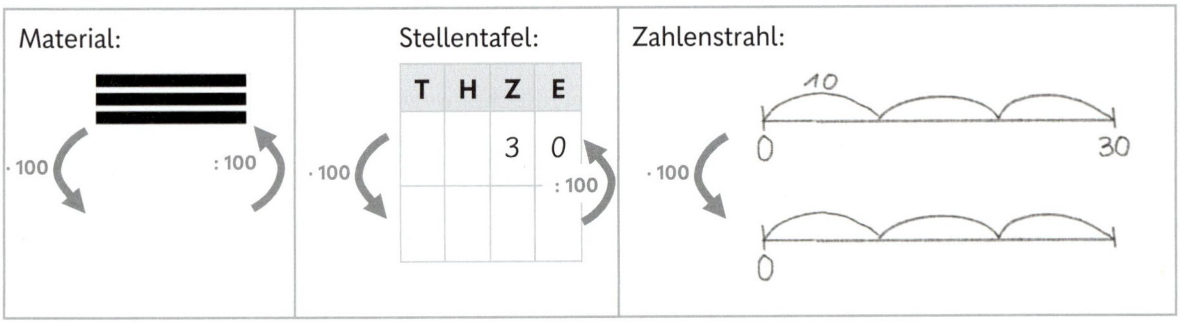

b) Vervollständigt die Sätze von Maurice und Emily.

Bei „mal 100“ werden aus 3 Zehnern ...

Bei „geteilt durch 100“ werden aus 3 Tausendern ...

c) Erklärt mit Material, Stellentafel und Zahlenstrahl:

2 · 1000 = ______

______ **: 1000 =** ______

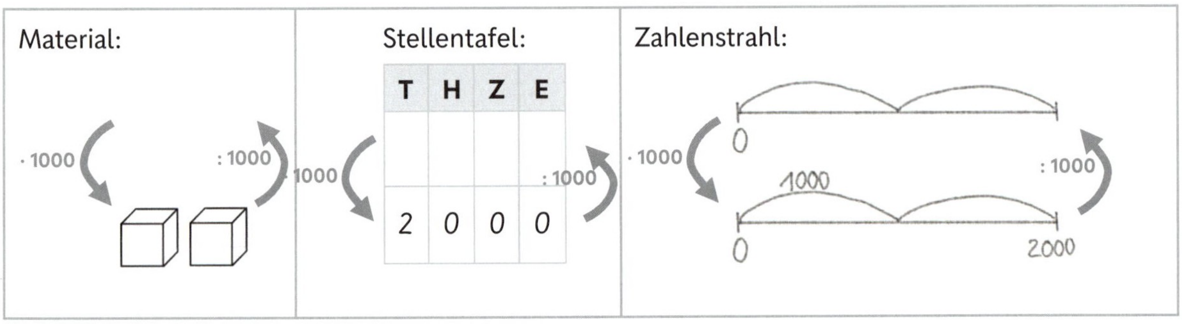

d) Schreibe die Multiplikations- und Divisions-Aufgaben ins Heft. Erkläre mit einem Bild, warum die Aufgaben passen und warum sich die Ziffern in der Stellentafel so verschieben.

(1) 230 · 100 (______) : 100

(2) ______ · 100 (5300) : 100

(3) ______ · 1000 (370.000) : 1000

(4) 123 · 1000 (______) : 1000

e) Rechne die Aufgaben aus. Wie hängen die beiden Aufgaben jeweils zusammen?

(1) 6300 : 100
6 3000 : 1000

(2) 3500 · 100
3500 : 100

(3) 420 000 : 1000
420 000 · 1000

4 Mit Vielfachen von 10 multiplizieren und dividieren

4.1 Wie rechnest du?

a) Rechne die Aufgabe **4 · 60**. Schreibe deinen Rechenweg auf.

b) Vergleicht eure Rechenwege.
Erklärt mit Material oder am Zahlenstrahl, warum man so rechnen darf.

c) So rechnen Kenan und Leonie. Erklärt ihre Rechenwege.

4 · 60 = 240
4 · 6 = 24
24 · 10 =

d) Rechne die Aufgaben aus. Notiere deine Rechenschritte.

(1) 5 · 50	(2) 3 · 20	(3) 50 · 40
(4) 700 · 80	(5) 60 · 400	(6) 500 · 400

Erklärt, wie ihr bei Aufgabe (2) und (3) vorgeht. Nutzt dazu die Sprechweise von Kenan.

4.2 Aufgaben-Paare

a) Löse die Aufgabenpaare, nutze für die untere Aufgabe die obere.

(1) 3 · 20	(2) 7 · 40	(3) 5 · 400
3 · 200	7 · 400	5 · 4000

b) Ergänze die Aufgaben zu einem Aufgabenpaar und löse sie.

(1) 5 · 60	(2) 6 · 70	(3) 7 · 80

c) Löse die Aufgaben. Nutze dazu die Zusammenhänge der Aufgabenpäckchen.

(1) 240 : 6	(2) 720 : 8	(3) 180 : 6
2400 : 6	7200 : 8	1800 : 6
2400 : 60	7200 : 80	1800 : 60
2400 : 600	7200 : 800	1800 : 600

d) Mache Aufgabenpäckchen wie in Aufgabe **c)** mit diesen Geteilt-Aufgaben.
Zeichne zu (2) auch ein Bild von Material oder Zahlenstrahl dazu.

(1) 21 : 7	(2) 8 : 2	(3) 45 : 9

e) Fasst noch einmal zusammen: Warum kann man Vielfache von 10 wie 240, 2400, 7200 leichter multiplizieren und dividieren als andere Zahlen? Was stellt ihr euch dazu vor?

B Ich kann sicher multiplizieren und meine Rechenwege erklären

1 Multiplizieren mit Zerlegen

1.1 Multiplikations-Aufgaben zerlegen

a) Das Bild zeigt die Aufgabe **6 · 7**.
Leonie rechnet so:

$6 \cdot 7 = 5 \cdot 7 + 1 \cdot 7$
$= 35 + 7$
$= 42$

Erklärt, wie Leonie rechnet:
- Kreist dazu in dem Punktefeld in rot ein, welche Gruppen sie zählt.
- Was bedeutet das + zwischen den Multiplikationen?

b)
- Erklärt, wie Jonas rechnet.
- Kreist im Punktefeld aus a) in grün ein, welche Gruppen er zählt.

Rechenweg von Jonas:

$6 \cdot 7 = 6 \cdot 5 + 6 \cdot 2$
$= 30 + 12$
$= 42$

c) Zeichne und zerlege im 400er-Punktefeld die Aufgaben **7 · 12** und **8 · 13**
Findest du für beide Aufgaben auch eine zweite Zerlegung?

d) Stellt euch gegenseitig Multiplikations-Aufgaben im 400er-Punktefeld:
- Eine Person legt mit dem Malwinkel.
- Die andere nennt die passende Multiplikations-Aufgabe.
- Rechnet gemeinsam die Aufgabe wie Leonie oder wie Jonas.
- Schreibt euren Rechenweg ins Heft und vergleicht eure Rechenwege.

1.2 Punktebilder verändern

a) Stellt euch gegenseitig Aufgaben mit dem 400er-Punktefeld, so wie Tim und Leonie:

Tim legt mit dem Malwinkel.

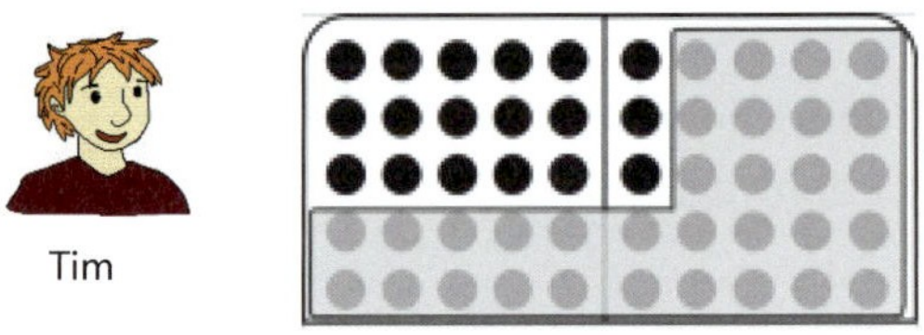

Leonie schreibt die passende Aufgabe.

Tim verschiebt den Malwinkel nach unten oder nach rechts **um eine Reihe**.

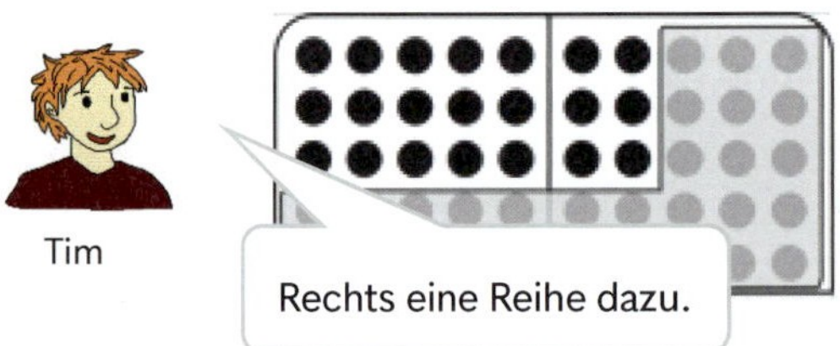

Leonie schreibt die passende Aufgabe dazu ins Heft.

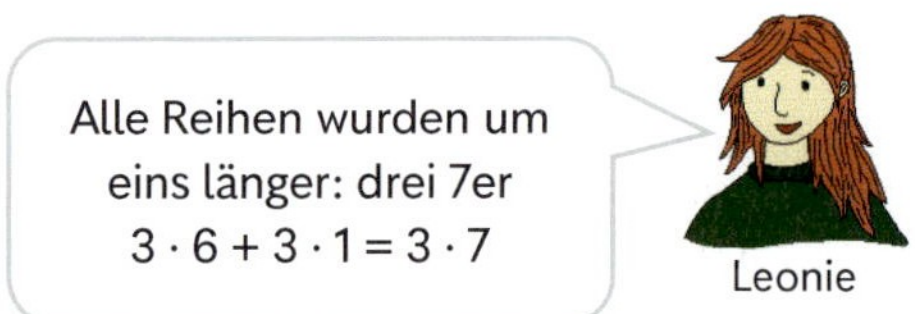

b) Überlegt gemeinsam: Wie viele Reihen und wie viele Punkte sind es durch Verschieben mehr
oder weniger geworden? Erklärt das mit dem Punktebild. Wechselt euch ab.

1.3 Hilfsaufgaben legen

a) Rico will 9 · 16 rechnen und hat eine gute Idee, aber ist noch nicht zufrieden.

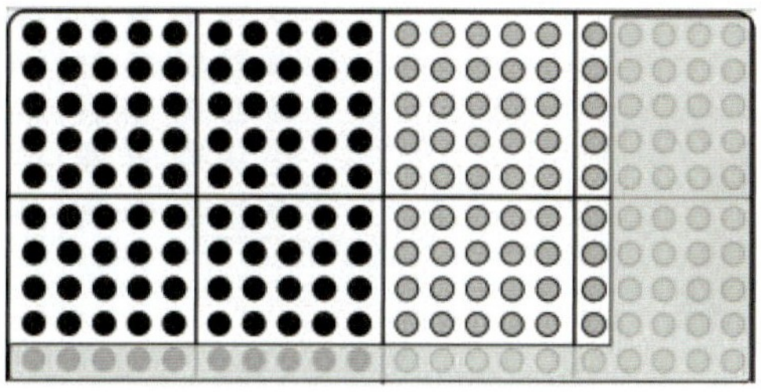

Neun 16er will ich rechnen.
Zehn 16er sind einfach zu rechnen.
Also rechne ich 10 · 16 = 160 und ziehe einen ab.
Aber in meiner Rechnung stimmt was nicht?

Rico schreibt seinen Rechenweg so auf: *9 · 16 = 10 · 16 − 1, oder?*
Er denkt, dass etwas in seinem Rechenweg nicht stimmt.

- Könnt ihr ihm erklären, was falsch ist?
- Korrigiert die Rechnung und seine Erklärung.

b) Rechne die Aufgaben wie Rico: Lege erst eine leichte Aufgabe.
Verschiebe dann den Malwinkel.

(1) 5 · 19 (2) 8 · 19 (3) 4 · 19

(4) 9 · 15 (5) 9 · 18 (6) 9 · 11

1.4 Multiplizieren mit Zerlegen und Hilfsaufgaben

a) Rechnet und erklärt am Punktefeld, wie ihr die Aufgaben zerlegt und leichte Aufgaben nutzt.

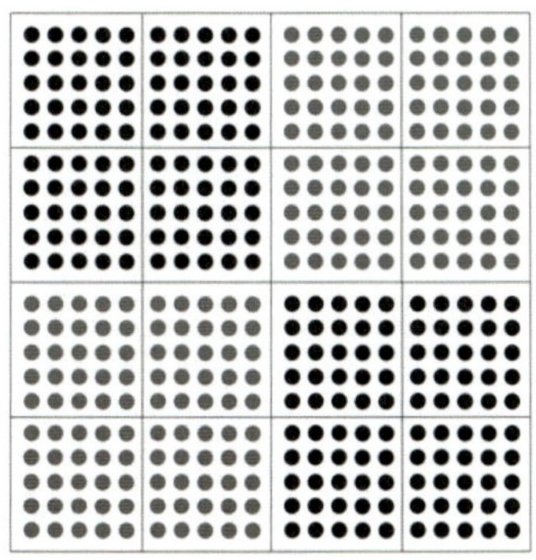

(1) 6 · 18
12 · 9

(2) 7 · 14
7 · 140

(3) 9 · 13
9 · 130

Einige Aufgaben könnt ihr nicht im Material zeigen,
Erklärt, wie die Aufgaben zusammenhängen.

b) Finde für drei der Aufgaben aus a) einen zweiten (und vielleicht sogar einen dritten) Rechenweg.

c) Rechne und schreibe deinen Rechenweg ins Heft.
Erkläre, wie du zerlegst, um einfache Aufgaben zu finden.

(1) 8 · 17
8 · 170
80 · 17

(3) 9 · 25
9 · 250
90 · 25

(3) Erkläre: Wie hast du die zweite und dritte Aufgabe in (1) und (2) berechnet?

d) Finde auch für (4) und (5) ähnliche Aufgaben, die du jetzt leicht berechnen kannst.

(4) Neun 26er will ich rechnen, zehn 26er sind einfacher.

(5) Acht 240er will ich rechnen, zehn 240er sind einfacher.

2 Multiplizieren mit doppeltem Zerlegen und Malkreuz

2.1 Multiplikations-Aufgaben zerlegen

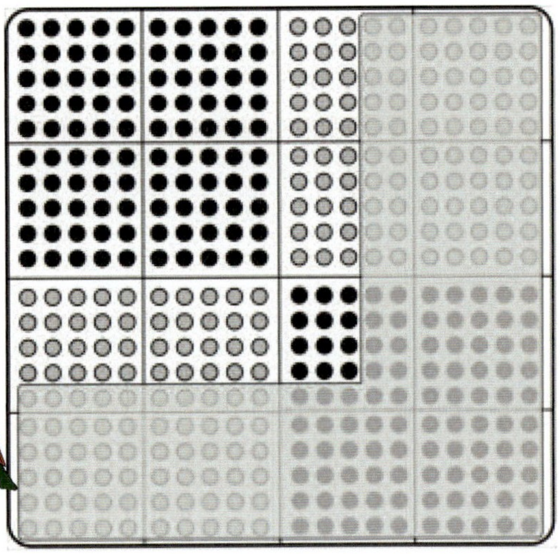

a) Das Bild zeigt die Aufgabe **14 · 13**. Zerlege die Aufgabe in vier kleinere Aufgaben und rechne sie im Heft aus.

b) Zeichne ein, wie Leonie das Bild zerlegt. Addiere ihre vier Multiplikations-Aufgaben in einem Term wie bei Tara in **c)**.

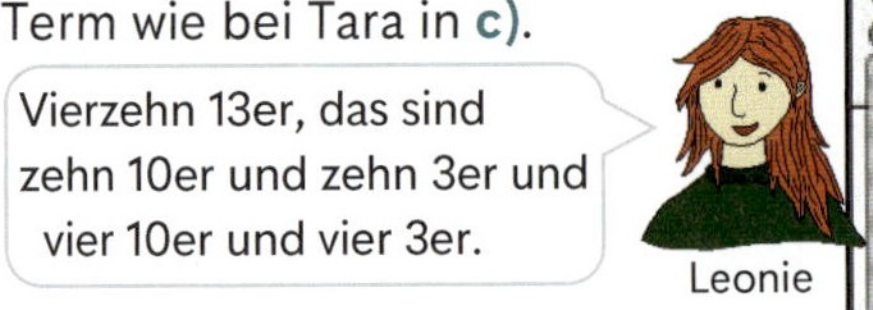

c) Welche Aufgabe hat Tara hier gerechnet?

10 · 10 + 10 · 3 + 2 · 10 + 2 · 3

- Zeigt die Aufgaben in einem Punktefeld mit Malwinkel.
- Wie würde Leonie die vier Multiplikations-Aufgaben aus Taras Term mit Gruppen beschreiben?

d) Rechne die Aufgaben ***16 · 14*** und ***11 · 19***.

- Zerlege dazu wie Leonie in **b)** das Punktefeld und beschreibe die Gruppen.
- Schreibe den Term mit vier Teilaufgaben wie Tara in **c)** auf.
- Wie sieht man das „plus" zwischen den Teilaufgaben im Punktefeld?

e) Stellt euch gegenseitig Aufgaben: Eine Person legt mit dem Malwinkel ein Punktebild. Die andere nennt die passende Aufgabe. Rechnet gemeinsam aus: Zerlegt die Aufgabe in vier kleinere Aufgaben. Schreibt euren Rechenweg so wie Tara in **c)**.

2.2 Das Malkreuz

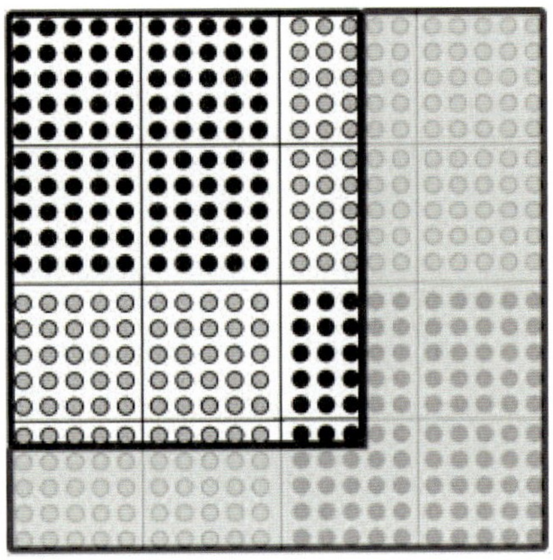

a) Welche Aufgabe zeigt das Bild? Wie würde Leonie sie zerlegen und beschreiben? Schreibe den Term auf wie Tara.

b) Kenan rechnet die Aufgabe im Malkreuz so:

·	10	3	
10	100	30	130
6	60	18	+ 78
	160	+ 48	208

c) Vergleiche Kenans Rechnung im Malkreuz mit Leonies Zerlegung im Punktefeld und mit Taras Term. Was ist gleich? Was ist verschieden?

2.3 Multiplikationen mit Malkreuz und Punktefeld rechnen

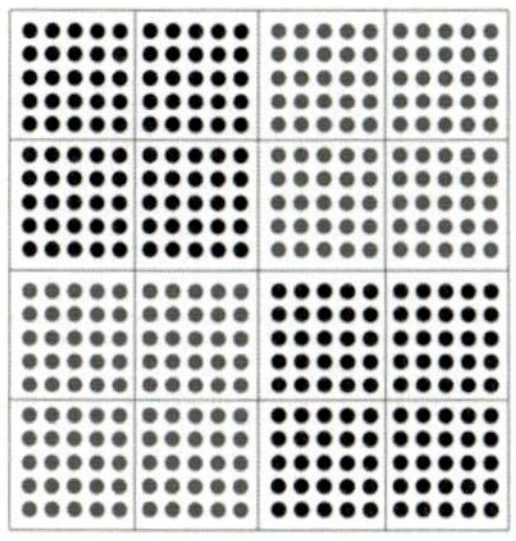

a) Lege die Aufgaben **11 · 11** und **15 · 17** mit dem Punktefeld und dem Malwinkel.
Rechne die Aufgaben mit dem Malkreuz aus.

(1) 11 · 11 = ______

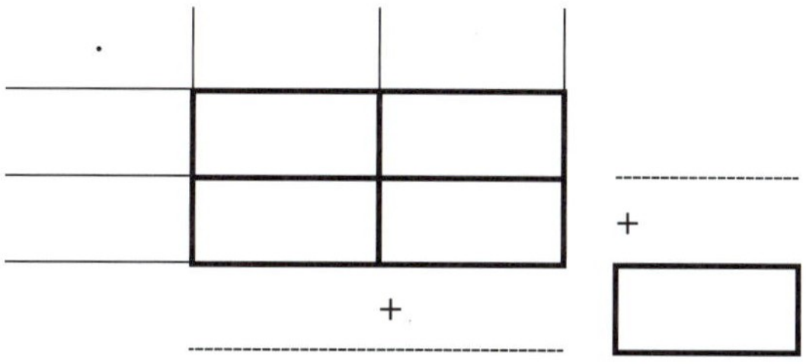

(2) 15 · 17 = ______

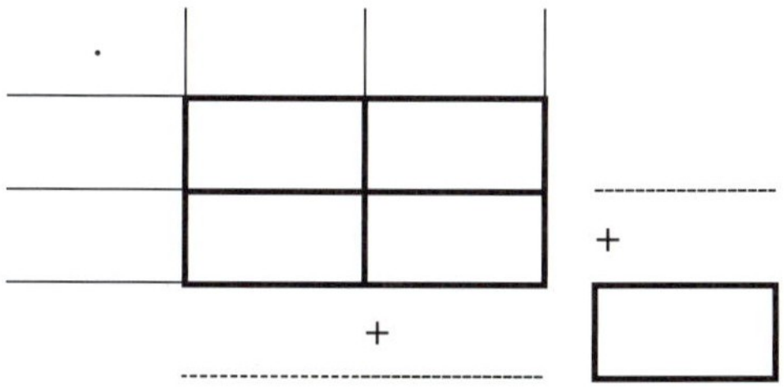

b) Schreibe für beide Aufgaben auch den Term mit vier Multiplikationen auf wie Tara in 2.1.

2.4 Fehler in Rechenwegen erklären

Jonas rechnet die Aufgabe ***16 · 15*** so:

- Legt die Aufgabe mit dem Malwinkel und rechnet sie im Heft aus.
- Erklärt mit Material oder dem Malkreuz, warum Jonas Rechnung **nicht** richtig ist.
- Ergänzt die Aufgabe so, dass sie richtig ist.

Vielleicht so?
16 · 15 = 10 · 10 + 6 · 5

2.5 Rechenwege bei Multiplikations-Aufgaben

Entscheide selbst, ob du wie Leonie in **2.1** mit Punktefeld, wie Kenan in **2.2** mit Malkreuz oder wie Rico in **1.4** mit Hilfsaufgabe rechnest. Schreibe den Rechenweg wie Tara in dein Heft.

(1) 15 · 17	(2) 19 · 9	(3) 12 · 12
(4) 8 · 18	(5) 19 · 20	(6) 19 · 19

2.6 Verwandte Multiplikations-Aufgaben

a) Rechne die Aufgaben.

(1) 12 · 15	(2) 11 · 12
22 · 15	12 · 13
32 · 15	13 · 14
42 · 15	14 · 15

b) Wie verändern sich die Aufgaben in **a)**? Wie verändern sich die Ergebnisse?
Erklärt mit dem mehreren Punktefeldern oder dem Malkreuz, warum sich die Ergebnisse so verändern.

2.7 Welche Multiplikations-Aufgabe passt?

a) Welche Zahlen kannst du in das Malkreuz eintragen, um das Ergebnis 280 zu erhalten? Findest du mehrere Möglichkeiten?

___ · ___ = _____

·		

\+ (Summe) = ☐

Tipp:
Starte, indem du eine Aufgabe in deinem Heft ausprobierst.
Wie musst du die Zahlen verändern, damit du näher zur 280 kommst?

b) Welche Zahlen kannst du in das Malkreuz eintragen, um das Ergebnis 1 000 zu erhalten? Findest du mehrere Möglichkeiten?

2.8 Mit dem Malkreuz bis 10 000

a) Rechne die Multiplikations-Aufgaben mit dem Malkreuz aus.

(1) 21 · 246 = _____

·	200	40	6
20			
1			

\+ \+ (Summe) = ☐

(2) 15 · 631 = _____

·	600	30	1
10			
5			

\+ \+ (Summe) = ☐

b) Trage die Zahlen selbst im Malkreuz ein und rechne aus.

(1) 12 · 467 = _____

·			

\+ \+ (Summe) = ☐

(2) 24 · 365 = _____

·			

\+ \+ (Summe) = ☐

2.9 Verwandte Multiplikations-Aufgaben

a) Rechne die Aufgaben mit dem Malkreuz.

(1) 11 · 121
21 · 121
31 · 121

(2) 11 · 121
11 · 221
11 · 321

b) Wie verändern sich die Aufgaben in **a)**? Wie verändern sich die Ergebnisse? Erklärt mit dem Malkreuz, warum sich die Ergebnisse so verändern.

C Ich kann sicher dividieren und meine Rechenwege erklären

1 Divisionen zerlegen am Bild: Wie oft passt es hinein?

1.1 Divisionen zerlegen

a) Wie will Tara **612 : 6** lösen? Zeichnet ihr Bild fertig.
Warum muss sie nicht alle einzelnen Schritte zeichnen?

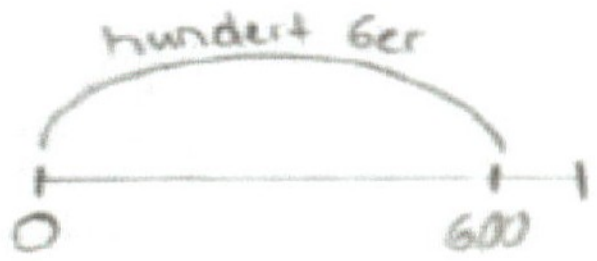

Tara

Ich springe in 6er-Schritten erst bis zur 600, und dann noch 12.

b) Löse **427 : 7**. Erkläre am Bild, wie du vorgehst.
Warum musst du nicht alle 7er-Schritte hinzeichnen?

c) Löse die Aufgaben mit Zahlenstrahl. Wie hängen die Aufgabe eines Päckchens zusammen?

(1)	(2)	(3)
250 : 5	800 : 8	1500 : 15
500 : 5	160 : 8	450 : 15
750 : 5	960 : 8	1950 : 15

1.2 Divisionen durch größere Zahlen

a) Kenan hat die Division am Zahlenstrahl zerlegt.
Erklärt, wie sein Bild zu seiner Rechnung und seiner Beschreibung passt.

75 : 5
= 50 : 5 + 25 : 5
= 10 + 5
= 15

Wie oft passt 5 in die 75? Erst mache ich 5er-Schritte bis zur 50, dann noch 25 weiter in 5er-Schritten.

Kenan

b) Löse **750 : 50** am Zahlenstrahl und löse die Aufgabe so wie Kenan.
Schreibe die Erklärung in dein Heft.

c) Löst **7500 : 500**. Wie müsst ihr Eure Bilder aus **b)** ändern?

d) Löse die Aufgaben:

(1)	(2)	(3)
720 : 6	856 : 4	143 : 13
7200 : 60	8560 : 40	14300 : 1300

2 Divisionen schrittweise oder mit Umkehraufgaben rechnen

2.1 Divisions-Aufgaben mit Multiplikations-Aufgaben rechnen

a) Dilara und Maurice rechnen **408 : 4** auf zwei Wegen. Erklärt die Rechenwege.

Dilara

408 : 4 = 102, denn

400 = 100 · 4
8 = 2 · 4

400 : 4 = 100
8 : 4 = 2
Also 408 : 4 = 102

Maurice

In 400 passen hundert 4er.
In 8 passen zwei 4er.
In 408 passen also ...

b) Rechne und erkläre wie Dilara und Maurice.

Dilara

770 : 7 = ____
700 = ____ · 7
70 = ____ · 7

Maurice

____

c) **1320 : 12 =** ____
____ = ____ · 12
____ = ____ · 12
____ = ____ · 12

____

d) **384 : 8 =** ____
=
=
=

____

2.2 Fehler finden und reparieren

a) Leonie und Tim rechnen **927 : 3** wie Dilara. Erklärt ihre Fehler und korrigiert sie.

Leonie:
927 : 3 = ?

300 = 100 · 3
300 = 100 · 3
27 = 9 · 3

____

Tim:
927 : 3 = 12

9 = 3 · 3
18 = 6 · 3
9 = 3 · 3

____

b) Findest du noch einen dritten Weg, wie du die Aufgabe zerlegen und richtig berechnen kannst?
Warum kommt man auf das gleiche Ergebnis, auch wenn man 927 unterschiedlich zerlegt?

c) Berechne auf zwei oder drei Wegen: (1) 390 : 15 (2) 1480 : 40 (3) 9500 : 500

A Ich kann schriftlich addieren und das Rechenverfahren erklären

1 Zahlen mit Material darstellen

1.1 Rechenwege vergleichen

a) Kenan und Tim rechnen die Aufgabe **562 + 314**. Erläutert ihre Rechnungen.

Kenan rechnet stellenweise:

562 + 314 = 876

2 + 4 = 6

60 + 10 = 70

500 + 300 = 800

Kenan

Tim rechnet schriftlich untereinander:

H	Z	E
5	6	2
+3	1	4
8	7	6

Tim

b) Markiert die Einer in Gelb, die Zehner in Rot und die Hunderter in Grün.
Was fällt euch auf? Was ist gleich? Was ist verschieden?

1.2 Rechenwege ausprobieren

Rechne die Aufgabe **152 + 437** so wie Kenan und so wie Tim.

152 + 437 =

\+ =

\+ =

\+ =

H	Z	E

1.3 Schriftlich rechnen untereinander

Rechnet schriftlich untereinander.

a)

	H	Z	E
	2	4	1
+	1	2	3

b)

	H	Z	E
	3	8	2
+	4	1	2

c)

	H	Z	E
	6	5	3
+	2	3	6

d)

	H	Z	E
	7	6	3
+	1	2	6

1.4 Rechnen mit Ziffernkarten

Nimm dir die Ziffernkarten 1 1 2 2 3 3 4 4

a) Lege mit den Ziffernkarten immer zwei dreistellige Zahlen und addiere sie. Schreibe die Rechnungen in dein Heft.

b) Lege die Aufgabe 432 + 124. Vertausche immer zwei Ziffernkarten.
Überlege zuerst, ob das Ergebnis kleiner oder größer wird.
Rechne dann aus und überprüfe.

c) Findet die Aufgabe mit dem kleinsten Ergebnis. Wie geht ihr vor?
Findet die Aufgabe mit dem größten Ergebnis. Wie geht ihr vor?

Beispiel:

4 3 2

1 2 4

Rechnung:

  4 3 2
\+ 1 2 4
  5 5 6

2 Addition mit Übertrag

2.1 Rechenwege vergleichen

Kenan und Tim rechnen die Aufgabe **284 + 365**.

Kenan rechnet stellenweise:

284 + 365 = 649
4 + 5 = 9
80 + 60 = 140
200 + 300 = 500

Tim rechnet schriftlich untereinander:

H	Z	E
2	8	4
+3	6	5
5 (1)	~~1~~4	9
6	4	9

Kenan

Wenn ich die Aufgabe mit Würfelmaterial nachlege, dann bündele ich 10 Zehner zu einem Hunderter.

Bei mir ist das genauso: Ich bündele in meiner Rechnung auch 10 Zehner zu einem Hunderter.

Tim

a) Was meint Kenan? Legt die Aufgabe mit Würfelmaterial oder zeichnet ein Bild und erklärt.

b) Was meint Tim? Erklärt an seiner Rechnung und vergleicht mit Kenans Rechnung.

c) Dilara verwendet eine kürzere Schreibweise als Tim. Was macht sie anders? Was ist gleich? Beschreibt zuerst und notiert ihre Idee dann in der Sprechblase.

Dilara rechnet so:

2	8	4
+3 (1)	6	5
6	4	9

Ich habe eigentlich 14 Zehner raus, aber

Dilara

2.2 Rechenwege ausprobieren

Rechnet die Aufgabe **391 + 287** so wie Tim und so wie Dilara. Erläutert die Rechenwege.

Tim rechnet so:

H	Z	E

Tim

Dilara rechnet so:

Dilara

2.3 Rechenwege vergleichen

Kenan, Tim und Dilara rechnen die Aufgabe **489 + 257**.
Beschreibt ihre Rechenwege. Was ist gleich? Was ist verschieden?

489 + 257 = 746

9 + 7 = 16
80 + 50 = 130
400 + 200 = 600

Kenan

H	Z	E
4	8	9
+ 2	5	7
6	¹13	¹16
1	1	
7	4	6

Tim

4	8	9
+ 2	5	7
1	1	
7	4	6

Dilara

2.4 Rechenwege ausprobieren

a) Rechne die Aufgabe **376 + 158** so wie Tim und so wie Dilara.

Tim rechnet so:

H	Z	E

Dilara rechnet so:

b) Rechne die Aufgabe **298 + 493** so wie Tim und so wie Dilara.

Tim rechnet so:

Dilara rechnet so:

2.5 Rechnen mit Ziffernkarten

Nimm die Ziffernkarten. 1 2 3 4 5 6 7 8 9

a) Lege mit den Ziffernkarten Aufgaben mit dreistelligen Zahlen.
Schreibe die Rechnungen in dein Heft und löse sie.

b) Lege mit den Ziffernkarten Aufgaben mit **einem** Übertrag.
Schreibe die Rechnungen in dein Heft und löse sie. Erkläre.

c) Wie findet ihr Aufgaben mit **zwei** Überträgen? Erklärt.
Legt eigene Aufgaben und schreibt die Rechnungen auf.

d) Findet Aufgaben, bei denen das Ergebnis möglichst nah an 444 liegt.
Wie geht ihr vor?

Beispiel:

☐	☐	☐
+ ☐	☐	☐
4	4	4

3 Addition mit Nullen

3.1 Rechenwege vergleichen

a) Kenan und Dilara rechnen die Aufgabe **231 + 174**. Beschreibt ihre Rechenwege.
Wie kommen Kenan und Dilara auf die Null im Ergebnis?

231 + 174 = 405
1 + 4 =
30 + 70 = 100
200 + 100 = 300

Kenan

2	3	1
+1	7	4
1		
4	0	5

Dilara

b) Welchen Fehler macht Tara?

Tara

	3	0	5
+	5	3	4
	8	0	9

3.2 Schriftlich untereinander rechnen

Rechne die Aufgaben so wie Dilara.

a)

	4	3	1
+	5	0	6

b)

	4	0	1
+	5	3	6

c)

	2	7	0
+	1	6	0

d)

	4	8	3
+	1	2	6

Schreibe die fehlenden Ziffern in die grauen Kästchen.

e)

	7	4	
+	1	5	3
	8	9	3

f)

	6	0	7
+	3	2	
	9		7

g)

	2	7	0
+	2		0
		0	

h)

	5	3	4
+	1	0	
	6		4

3.3 Rechnen mit Ziffernkarten

Nimm die Ziffernkarten. 0 0 2 3 4 6

a) Lege mit den Ziffernkarten immer zwei dreistellige Zahlen und addiere sie. Schreibe die Rechnungen in dein Heft.

Beispiel:

2	0	4
6	0	3

Rechnung:

	2	0	4
+	6	0	3
	8	0	7

b) Findet die Aufgabe mit dem kleinsten Ergebnis. Wie geht ihr vor?
Findet die Aufgabe mit dem größten Ergebnis. Wie geht ihr vor?

4 Addition mit unterschiedlicher Stellenzahl

4.1 Fehler erklären

Jonas rechnet **462 + 1237**. Welchen Fehler macht Jonas? Worauf sollte er achten?

	4	6	2	
+	1	2	3	7
	5	8	5	7

Jonas

4.2 Aufpassen auf die Stellenwerte

Schreibe richtig untereinander und rechne aus. Worauf musst du achten?

a) 47 + 821 **b)** 364 + 27 **c)** 456 + 37 **c)** 371 + 7986

4.3 Rechnen mit Ziffernkarten

Nimm die Ziffernkarten.
Du darfst Ziffernkarten auch mehrmals verwenden.

1 2 3 4 5 6 7 8 9

Erfinde Additions-Aufgaben. Alle grauen Kästchen müssen belegt werden.
Lege zuerst mit Ziffernkarten. Schreibe dann auf und rechne aus.

a)

	T	H	Z	E
+				

	T	H	Z	E
+				

	T	H	Z	E
+				

	T	H	Z	E
+				

b)

	T	H	Z	E
+				

	T	H	Z	E
+				

	T	H	Z	E
+				

	T	H	Z	E
+				

c) Finde das größte Ergebnis, wenn jede Ziffer nur einmal genutzt werden darf.
Probiere mit den Ziffernkarten. Begründe.

	T	H	Z	E
+				

B Ich kann schriftlich subtrahieren und das Rechenverfahren erklären

1 Subtraktion ohne ‚Übertrag'

1.1 Rechenwege vergleichen

a) Kenan und Tim rechnen die Aufgabe **683 – 251**. Beschreibt ihre Rechenwege.

Kenan rechnet stellenweise:

683 – 251 = 432
3 – 1 = 2
80 – 50 = 30
600 – 200 = 400

Kenan

Tim rechnet untereinander:

H	Z	E
6	8	3
- 2	5	1
4	3	2

Tim

b) Markiert die Einer in Gelb, die Zehner in Rot und die Hunderter in Grün.
Was fällt euch auf? Was ist gleich? Was ist verschieden?

1.2 Rechenwege ausprobieren

Rechne die Aufgabe **865 – 432** so wie Kenan und so wie Tim.

Kenan rechnet so:

865 – 432 =
– =
– =
– =

Tim rechnet so:

H	Z	E

1.3 Untereinander schriftlich rechnen

a)

	H	Z	E
	6	4	2
–	3	2	1

b)

	H	Z	E
	5	8	3
–	4	4	2

c)

	H	Z	E
	7	5	9
–	1	4	6

d)

	H	Z	E
	9	6	5
–	6	3	2

1.4 Rechnen mit Ziffernkarten

Nimm die Ziffernkarten. 1 2 3 4 5 6

a) Lege mit den Ziffernkarten immer eine dreistellige Zahl und subtrahiere sie von 789.
Schreibe die Rechnungen in dein Heft.

Beispiel: 2 6 4

Rechnung:

7	8	9
- 2	6	4
5	3	4

b) Lege die Aufgabe 789 – 264 mit Ziffernkarten.
- Vertausche immer zwei Ziffernkarten.
  Überlege zuerst, ob das Ergebnis kleiner oder größer wird.
- Rechne dann aus und überprüfe.

c) Findet die Aufgabe mit dem kleinsten Ergebnis. Wie geht ihr vor?
Findet die Aufgabe mit dem größten Ergebnis. Wie geht ihr vor?

2 Subtraktion mit ‚Übertrag'

2.1 Rechnungen erklären mit Entbündeln oder Erweitern

a) Sarah und Emily rechnen die Aufgabe **515 – 324**.
Wie rechnest du? Kreuze an.

Sarah rechnet so:

4	10	
~~5~~	1	5
– 3	2	4
1	9	1

Emily rechnet so:

	10	
5	1	5
– 3	2	4
1		
1	9	1

☐ Ich rechne wie Sarah.

☐ Ich rechne wie Emily.

b) Legt die Aufgabe mit Würfelmaterial nach und erklärt euch gegenseitig eure Rechenwege.
Die Tipps können helfen.

Sarah

Ich entbündele einen Hunderter, damit ich die zwei Zehner abziehen kann.

Ich erweitere um zehn Zehner, dafür nehme einen weiteren Hunderter weg.

Emily

c) Bei schriftlichen Rechnungen verändert man die Ziffern.
Warum bekommt man dabei das gleiche Ergebnis?
Kreuzt die richtigen Antworten an. Erklärt dann in eigenen Worten.

☐ 
Rico

... weil man die Ziffern so verändern darf, wie man will.

... weil der Unterschied zwischen beiden Zahlen gleich bleibt.

Tara ☐

☐ 
Leonie

... weil ich die zehn Zehner, die ich dazu tue, wieder abziehe.

... weil zehn Zehner ein Hunderter sind.

Tim ☐

2.2 ‚Übertrag' üben

Rechne aus.

a)

	H	Z	E
	6	2	5
–	3	8	1

b)

	H	Z	E
	7	5	8
–	2	9	3

c)

	H	Z	E
	9	5	4
–	3	2	6

d)

	H	Z	E
	5	6	3
–	2	6	7

2.3 Rechnungen mit ‚Überträgen' erklären

Sarah und Emily rechnen die Aufgabe **634 – 259**.
Wie rechnet ihr? Kreuzt an und beschreibt ihre Rechnungen.

Sarah rechnet so:

5	10 2	10
6	3	4
-2	5	9
3	7	5

Ich entbündele.

☐ Ich rechne wie Sarah.

Emily rechnet so:

	10	10
6	3	4
-2	5	9
1	1	
3	7	5

Ich erweitere.

☐ Ich rechne wie Emily.

2.4 ‚Überträge' üben

Rechnet die Aufgaben wie Sarah oder wie Emily. Erklärt, wie ihr rechnet.

a)

	H	Z	E
		8	4
–		5	9

b)

	H	Z	E
	9	2	4
–	6	5	9

c)

	H	Z	E
	6	3	2
–	1	9	6

d)

	H	Z	E
	8	7	1
–	3	7	3

e)

	7	1	2
–	4	2	3

f)

	5	1	1
–	4	5	9

g)

	8	6	8
–	2	7	9

h)

	9	2	4
–	3	2	7

2.5 Rechnen mit Ziffernkarten

Nimm die Ziffernkarten.
Lege mit den Ziffernkarten immer zwei dreistellige Zahlen und subtrahiere die kleinere von der größeren Zahl.

1 2 3 4 5 6 7 8 9

a) Findet Aufgaben, bei denen das Ergebnis möglichst nah an 399 liegt. Schreibt die Rechnungen ins Heft. Wie geht ihr vor?

Beispiel:

	☐	☐	☐
-	☐	☐	☐
	3	9	9

b) Findet Aufgaben, bei denen das Ergebnis möglichst nah an 100 liegt. Schreibt die Rechnungen ins Heft. Wie geht ihr vor?

c) Suche dir weitere Ergebniszahlen aus und versuche, passende Aufgaben zu finden. Schreibe die Aufgaben ins Heft.

3 Subtraktion mit Nullen

3.1 Rechnungen erklären

a) Sarah und Emily rechnen die Aufgabe **608 – 318**.
Wie rechnet ihr? Kreuzt an und beschreibt euren Rechenweg.

Sarah rechnet so:

5	10	
~~6~~	~~0~~	8
−3	1	8
2	9	0

Sarah

Emily rechnet so:

	10	
6	0	8
− 3	1	8
1		
2	9	0

Emily

☐ Ich rechne wie Sarah.

☐ Ich rechne wie Emily.

b) Kenan rechnet die Aufgabe 407 – 235.
Welchen Fehler macht Kenan? Warum ist das falsch?

	4	0	7
−	2	3	5
	2	0	2

Kenan

3.2 Schriftlich untereinander rechnen

Rechne aus.

a)

	9	3	4
−	4	0	2

b)

	9	0	4
−	4	3	2

c)

	5	0	3
−	3	0	4

d)

	5	0	4
−	3	0	3

Schreibe die fehlenden Ziffern in die grauen Kästchen.

e)

	8		3
−	2	0	3
		2	

f)

	3		5
−	1		2
	2	0	

g)

	7	0	6
−	5		0
		6	

h)

	6	0	
−	2	4	5
	3		5

3.3 Rechnen mit Ziffernkarten

Nimm die Ziffernkarten. 0 1 2 3 4 5

a) Lege mit den Ziffernkarten immer zwei dreistellige Zahlen und subtrahiere die kleinere von der größeren Zahl.
Schreibe die Rechnungen ins Heft.

b) Findet die Aufgabe mit dem kleinsten Ergebnis. Wie geht ihr vor?
Findet die Aufgabe mit dem größten Ergebnis. Wie geht ihr vor?

Beispiel:

4 2 0
3 1 5

Rechnung:

	4	2	0
−	3	1	5
	1	0	5

4 Subtraktion mit unterschiedlicher Stellenanzahl

4.1 Fehler erklären

Jonas rechnet die Aufgabe **1835 – 671**. Dabei macht er einen Fehler.
Welchen Fehler macht Jonas? Worauf sollte er achten?

```
  1 8 3 5
- 6 7 1
---------
  5 1 2 5
```

Jonas

4.2 Richtig untereinander rechnen

Schreibe untereinander und rechne aus.

a) 857 – 83 b) 142 – 63 c) 1869 – 540 c) 1400 – 56

4.3 Rechnen mit Ziffernkarten

1 2 3 4 5 6 7 8 9

Nimm die Ziffernkarten. Du darfst sie auch mehrmals verwenden.

Erfinde Subtraktions-Aufgaben. Alle grauen Kästchen müssen belegt werden.
Lege zuerst mit Ziffernkarten. Schreibe dann auf und rechne aus.

a)

	T	H	Z	E
–				

b)

	T	H	Z	E
–				

c) Finde das größte Ergebnis. Probiere mit den Ziffernkarten. Begründe.

	T	H	Z	E
–				

A Ich kann schriftlich multiplizieren und dividieren und die Rechenverfahren erklären

1 Multiplizieren ohne Übertrag

1.1 Rechenwege vergleichen

a) Emily und Jonas rechnen die Aufgaben **12 · 13**.
Beschreibt die beiden Rechenwege.

Jonas rechnet mit dem Malkreuz:

Jonas

·	10	3	
10	100	30	130
2	20	6	+ 26
	120	+ 36	156

Emilys rechnet schriftlich:

12 · 13
120
36
156

Emily

b) Markiert die Einer in Gelb, die Zehner in Rot und die Hunderter in Grün.
Vergleicht die Rechenwege. Was ist gleich? Was ist verschieden?

1.2 Rechenwege erklären

Die Kinder haben Fragen zu Emilys Rechenweg.
Beantwortet die Fragen und erklärt.

Emily

12 · 13
120
36
156

Jonas

Emily, wo muss ich denn bei deiner Rechnung anfangen?

Darf ich die Zahlen auch so untereinanderschreiben?

Kenan

Emily, darf ich auch die 0 bei der ersten Rechnung weglassen?

12 · 13
12
36

Dilara

1.3 Rechenwege ausprobieren

a) Rechne die Aufgabe **16 · 11** auf zwei Wegen:

Rechne wie Jonas mit dem Malkreuz:

·	10	1	
10			
6			+
	+		

Rechne wie Emily schriftlich:

1	6	·	1	1

b) Rechne die Aufgabe **212 · 44**.

Rechne wie Jonas mit dem Malkreuz:

·	40	4	
200			
10			+
2			+
	+		

Rechne wie Emily schriftlich:

2	1	2	·	4	4

1.4 Rechnen mit Ziffernkarten

Nimm dir die Ziffernkarten 1, 2, 2, 3.

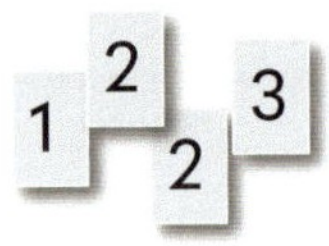

a) Lege mit den Ziffernkarten zwei zweistellige Zahlen und multipliziere sie. Schreibe die Rechnungen ins Heft.

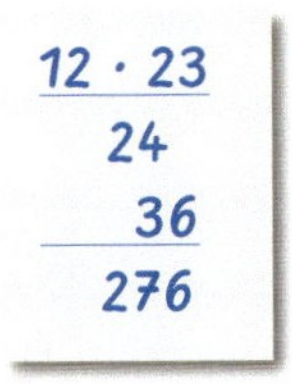

b) Vertausche zwei Ziffernkarten. Überlege zuerst, ob das Ergebnis kleiner oder größer wird. Rechne dann aus und überprüfe.

c) Findet die Aufgabe mit dem größten und dem kleinsten Ergebnis. Wie geht ihr vor?

2 Schriftlich Multiplizieren mit Überträgen

2.1 Rechenwege vergleichen

a) Emily und Jonas rechnen die Aufgaben **16 · 23**.
Beschreibt die beiden Rechenwege.

Jonas rechnet mit Malkreuz:

·	20	3
10	200	30
6	120	18
	320	+ 48

230
+ 138
368

Jonas

Emily rechnet schriftlich:

Emily

b) Markiert die Einer in Gelb, die Zehner in Rot und die Hunderter in Grün.
Vergleicht die Rechenwege. Was ist gleich? Was ist verschieden?

c) Warum kann Emily bei ihrem Rechenweg die Nullen weglassen?

2.2 Fehler erklären

a) Dilara will Emilys Rechenweg ausprobieren und macht dabei Fehler.

Dilaras falscher Rechenweg:

Dilara

Ich habe erst 6 mal 2 gleich 12 gerechnet und dann die 12 hingeschrieben.
Dann habe ich 2 mal 1 gleich 2 gerechnet und die 2 vor die 12 geschrieben.

- Erkläre, was Dilara falsch macht.
- Erkläre auch den Fehler in der nächsten Zeile. Wie kommt Dilara auf die 318?

b) Rechne die Aufgabe **38 · 12** auf zwei Wegen:

Rechne wie Jonas:

·	10	2
30		
8		
	+	

+

Rechne wie Emily:

3	8	·	1	2

2.3 Rechenwege ausprobieren

b) Rechne die Aufgabe **323 · 44**.

Rechne wie Jonas mit Malkreuz:

·	40	4
300		
20		
3		

Jonas

\+ ______ + ______ + ______

Rechne schriftlich wie Emily:

3	2	3	·	4	4

Emily

2.4 Rechnen mit Ziffernkarten

Nimm dir die Ziffernkarten 2, 4, 5, 7 und 8.

2 4 5 7 8

a) Lege mit den Ziffernkarten zwei Zahlen und multipliziere sie. Schreibe die Rechnungen in dein Heft.

b) Vertausche zwei Ziffernkarten. Überlege zuerst, ob das Ergebnis kleiner oder größer wird. Rechne dann aus und überprüfe.

c) Finde die Aufgabe mit dem größten und dem kleinsten Ergebnis. Wie gehst du vor?

Beispiel:

2 4 5 · 7 8

245 · 78
1715
1960
11
19110

2.5 Welche Ziffern fehlen?

Schreibe die fehlenden Ziffern in die grauen Kästchen.

a)

2		·	3	4
		9	6	
		1		

b)

2		·	3	1
		8	1	
				7

c)

1		·	1	7
		1	1	2

d)

2		·	3	
			4	6

3 Schriftlich Multiplizieren mit Null

3.1 Rechenwege vergleichen

a) Emily und Jonas rechnen die Aufgabe **16 · 204**.
Beschreibt die beiden Rechenwege.

Jonas rechnet mit Malkreuz:

Jonas

·	200	4
10	2000	40
6	1200	24
	3200 +	64

2040
\+ 1224
3264

Emily rechnet schriftlich:

16 · 204
32
64
3264

Emily

b) Markiert die Einer in Gelb, die Zehner in Rot, die Hunderter in Grün und die Tausender in Blau. Vergleicht die Rechenwege. Was ist gleich? Was ist verschieden?

c) Statt 3200 steht in Emilys Rechnung 32. Was bedeutet die 32?

3.2 Fehler erklären

Dilara will Emilys Rechenweg ausprobieren und macht dabei Fehler.
Sie rechnet die Aufgabe **16 · 204** so:

- Erkläre, was Dilara falsch gemacht hat.
- Schreibe den Rechenweg richtig ins Heft.

16 · 204
32
64
384

Dilara

3.3 Rechenwege ausprobieren

Rechne selbst diese Aufgaben:

a) 1 3 · 2 0 5

b) 1 7 · 5 0 0 5

3.4 Muster suchen in Päckchen

Rechne aus. Schreibe die Rechnungen in dein Heft. Was fällt dir auf?

a)
3 · 74 074
6 · 74 074
9 · 74 074

b)
121 · 10 101
242 · 10 101
363 · 10 101

c)
909 · 33
909 · 44
909 · 55

4 Schriftlich Dividieren

4.1 Multiplizieren und Subtrahieren nutzen zum Dividieren

a) 1610 : 14 = ?

1400 = 100 · 14	1610 – 1400 = 210
140 = 10 · 14	210 – 140 = 70
70 = 5 · 14	0
	also 1610 : 14 = 115

Erklärt Leonies Vorgehen. Was meint Leonie mit „210 bleiben übrig.“?
Vervollständigt ihre Erklärung für den dritten Schritt.

Wie oft passt die 14 in die 1610? Ich zerlege die 1610.
In 1400 passen hundert 14er. 210 bleiben übrig.
In 140 passen zehn 14er. 70 bleiben übrig. ...

Leonie

4.2 Große schrittweise Divisionen aufschreiben

a) Leonie will **1065 : 15** rechnen. Dazu notiert sie schrittweise, wie oft 15 in die 1065 passt. So schreibt sie ihre Rechenschritte kürzer in eine Tabelle:

Größte Zahl, für die ich weiß, wie oft 15 reinpasst	Wie oft passt 15 in diese Zahl?	Wie viel bleibt übrig? Und was kommt heraus?
		1065 : 15 = 40 + 20 + 10 + 1 = 71
600 =	40 · 15	- 600
		465
300 =	20 · 15	- 300
		165
150 =	10 · 15	- 150
		15
15 =	1 · 15	- 15
	40 + 20 + 10 + 1 = 71	0

Leonie

Ich weiß direkt: In 600 passen vierzig 15er.
Die 600 ziehe ich von 1065 ab.
465 bleiben übrig. Dann muss ich mir für die 465 überlegen, wie viele 15er reinpassen.

b) Erklärt die nächsten Rechenschritte wie Leonie.

c) Welche Fehler hat Dilara gemacht? Erklärt und korrigiert.

Größte Zahl, für die ich weiß, wie oft 13 reinpasst	Wie oft passt 13 in diese Zahl?	Wie viel bleibt übrig?
		2236 : 13 = 100 + 60 + 21 = 181
1300 =	100 · 13	- 1300
		1060
780 =	60 · 13	- 780
		280
280 =	21 · 13	- 280
	100 + 60 + 21 = 181	0

4.3 Große schrittweise Divisionen aufschreiben

a) Löse und notiere die Aufgabe **528 : 4** schrittweise wie Leonie in Aufgabe 4.1.

Größte Zahl, für die ich weiß, wie oft 4 reinpasst	Wie oft passt 4 in diese Zahl?	Wie viel bleibt übrig? Und was kommt heraus?
		528 : 4 =
=	· 4	-
=	· 4	
=	· 4	

b) Löse und notiere die Aufgabe **784 : 14** schrittweise wie Leonie in Aufgabe 4.1.

Größte Zahl, für die ich weiß, wie oft 14 reinpasst	Wie oft passt 14 in diese Zahl?	Wie viel bleibt übrig? Und was kommt heraus?
		784 : 14 =
=	· 14	-
=	· 14	
=	· 14	

c) Löse und notiere die Aufgabe **4048 : 16** schrittweise wie Leonie.

Größte Zahl, für die ich weiß, wie oft 16 reinpasst	Wie oft passt 16 in diese Zahl?	Wie viel bleibt übrig? Und was kommt heraus?
		4048 : 16 =
=	· 16	-
=	· 16	
=	· 16	

d) Vergleicht eure Rechenwege für Aufgabe b).
- Was habt ihr gleich gerechnet, was anders?
- Rechnet ihr lieber mit möglichst wenigen Schritten oder mit sicheren Schritten?
- Wie könnt ihr eure Ergebnisse kontrollieren?

e) Löse folgenden Aufgaben wie Leonie. Du darfst die ersten zwei Spalten auch nur im Kopf nutzen, wenn du möchtest.

(1) 782 : 23 (3) 5635 : 23 (5) 8400 : 150
(2) 7820 : 230 (4) 563500 : 2300 (6) 840000 : 150